2660H

MÉMOIRE

Sur les avantages ou les inconvéniens de la culture du Murier blanc greffé ;

OU RÉPONSE A CES QUESTIONS :

Est-il utile ou désavantageux de greffer le Murier blanc,

1.º *Relativement à la végétation et à la durée de cet arbre ;*

2.º *Eu égard à la vie, à la santé et à la vigueur des vers-à-soie, dans leurs différentes mues ;*

3.º *Par rapport à la quantité, à la qualité, à la force et à la finesse de la soie ?*

OUVRAGE couronné par l'Académie de Valence en 1790, et approuvé par la Société royale d'Agriculture de Paris en 1792;

Par A. DUVAURE, Membre des Sociétés royales d'Agriculture de Paris, Lyon, Montpellier; Agriculteur pensionné du Gouvernement :

Imprimé par ordre de M. le Préfet de la Drôme, avec l'autorisation de Son Exc. le Ministre de l'Intérieur.

SECONDE ÉDITION.

Heureux qui dans son champ, en vivant à l'écart,
Sans crainte, sans désirs, sans éclat, sans envie,
Dans l'uniformité passa toute sa vie,
Et que le même toit vit enfant et vieillard !

BOUFFLERS, *imitation de Claudien.*

DE L'IMPRIMERIE DE JACQUES MONTAL, IMPRIMEUR DU ROI.

Décembre 1817.

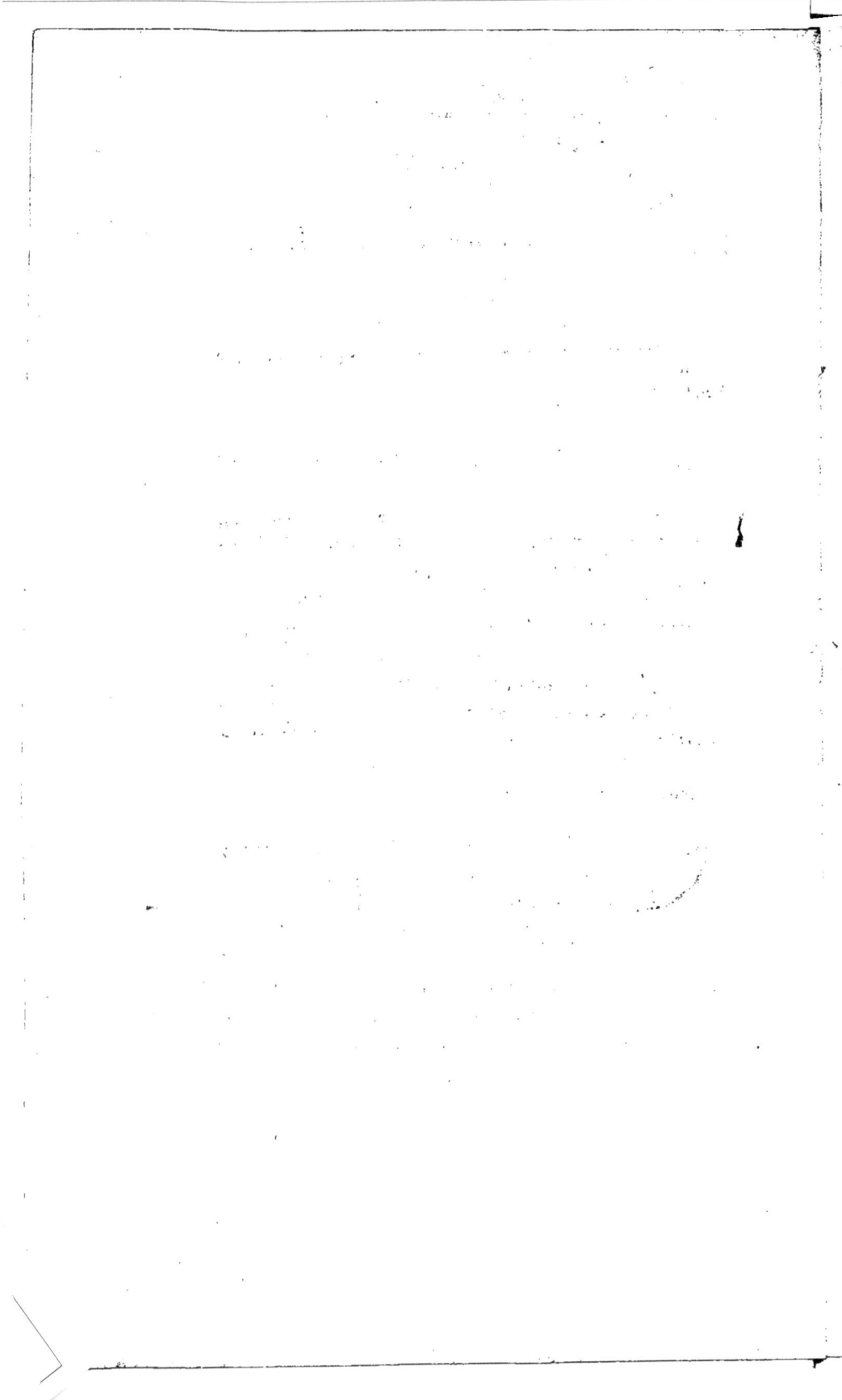

ARRÊTÉ

Du Préfet du département de la Drôme.

Le PRÉFET du département de la
Drome,

Vu la demande que nous avons faite à
Son Exc. le Ministre Secrétaire d'État de
l'Intérieur, de nous autoriser à faire réim-
primer, aux frais du département, un ouvrage intitulé *Mémoire sur les avantages ou
les inconvéniens de la culture du Murier
blanc greffé*, par M. Duvaure, de Crest;
d'honorables suffrages ayant accueilli ce
Mémoire lorsqu'il fut publié en 1796, et
son utilité le faisant rechercher des cultivateurs éclairés ; l'administration ne devant
d'ailleurs rien négliger pour accréditer et
généraliser les bonnes pratiques dans une
culture aussi importante pour ce département que celle du Murier, attendu que la
récolte des cocons est une des principales
du pays, celle qui donne les premiers produits; une récolte qui se réalise en moins
de quarante jours et dans le courant de juin,
à une époque de l'année où les propriétaires
sont encore dans l'incertitude sur la réussite
des autres productions, et où la vente des
cocons fournit à toutes les classes, et parti-

culièrement à celle des petits propriétaires peu aisés, une ressource des plus précieuses pour l'acquittement de leurs contributions;

Vu la lettre en date du 1.er octobre dernier, par laquelle Son Exc. nous a accordé l'autorisation demandée;

ARRÊTE :

Le Mémoire de M. DUVAURE sur la culture du Murier blanc greffé, sera réimprimé, pour être distribué par nous dans le département ainsi qu'il paraîtra le plus utile.

Les frais de cette réimpression seront pris sur les fonds départementaux disponibles.

Fait à l'hôtel de la Préfecture, à Valence, le 27 novembre 1817.

Le Préfet,

Du BOUCHAGE.

AVIS.

Le Public a accueilli avec quelque intérêt les premiers Mémoires d'agriculture que mon zèle et mon expérience m'ont dictés (1). Cet encouragement, accordé sans doute à ma seule bonne volonté, m'a enhardi dans le temps à faire connaître le Mémoire dont je publie aujourd'hui une seconde édition.

La première, faite en 1796 par ordre du département de la Drôme, se trouvant

---

(1) Ces Mémoires sont, 1.º un Mémoire sur la meilleure manière de faire et d'augmenter les engrais et celle d'en faire usage; — 2.º un Mémoire sur la culture du Murier blanc; — 3.º un Mémoire sur la culture du Noyer; — 4.º un Mémoire sur les avantages que procure la diminution de la quantité de semences en grains que l'on répand ordinairement sur la terre; — 5.º un Mémoire sur les causes du dépérissement des forêts et les moyens d'y remédier.

Les quatre premiers mémoires couronnés ou approuvés par l'Académie de Valence ou la Société d'Agriculture de Paris, formant un volume in-8.º, se trouvent chez M.me Giroud, Libraire à Grenoble.

Parmi divers journaux qui les ont annoncés dans le temps, voyez le Moniteur du....... mars 1792 ; le Logographe du....... même mois ; la Feuille Villageoise du....... avril suivant, et le Journal des débats du....... pluviôse an 9.

épuisée , je me félicite de devoir cette
seconde édition au précieux suffrage du
premier Magistrat du département de la
Drôme (1) , qui justifie chaque jour, par
une administration bienfaisante et éclairée ,
le choix du Monarque chéri que la Pro-
vidence a rendu à nos vœux.

Dans un moment où le perfectionne-
ment de tous les arts utiles fixe l'attention
générale , mon but sera rempli si j'ai pu
donner quelques lumières nouvelles ; si
j'ai pu contribuer par quelques vues utiles
à améliorer une des branches les plus importantes du domaine public , comme du
domaine privé. On sait en effet que la
culture du Murier et la récolte de la soie,
qui en est l'objet, forment une des principales productions des départemens méri-
dionaux du royaume.

Tout bon citoyen doit d'ailleurs à son
pays le tribut de ses connoissances ; je
veux acquitter ma dette, et ceux qui es-
saieront de parcourir ce travail, verront
bientôt que je n'ai consulté que mon zèle,

---

(1) M. le Comte du Bouchage, Chevalier de l'Ordre
Royal et Militaire de Saint-Louis, de l'Ordre de Saint-
Jean de Jérusalem et de l'Ordre Royal de la Légion
d'Honneur.

que le sentiment intime de mes obligations, sans que de vaines prétentions aient pu m'arrêter ; je n'ai et ne puis avoir d'autre objet que l'utilité publique.

D'autres motifs ont dû me décider aussi à donner cette seconde édition. Je dois, comme agriculteur, à la bienfaisance du Gouvernement la pension de 500 fr. dont je jouis ; l'ancienne Académie de Valence et la Société royale d'Agriculture de Paris m'ont accordé divers prix (1).

Tout me fait donc un devoir de justifier aux yeux du public mes titres aux encouragemens que j'ai reçus moins comme une chose qui me fût due, que comme un engagement à les mériter dans la suite par une application plus utile encore dans l'économie rurale.

Je suis au reste loin de penser que les questions proposées par l'Académie de Valence, et qui ont fait le sujet de cet ouvrage, y aient été parfaitement éclaircies. Je n'ai d'autre prétention que celle d'avoir provoqué en quelque sorte, par

---

(1) En 1807, la Société d'Agriculture de Paris m'a accordé un prix d'une médaille d'or, et en 1810, un prix de 1000 fr. pour la culture des Muriers et l'établissement des Pépinières de cet arbre.

ce faible essai , le zèle des agriculteurs plus éclairés et plus expérimentés qui voudraient s'occuper à résoudre des propositions regardées , avec raison , comme difficiles par les auteurs qui m'ont devancé dans la matière que j'ai traitée.

Depuis que ce mémoire a été composé en 1790, une expérience de plus de vingt-cinq ans ajoutée à celle que j'avais , m'a dicté plusieurs observations nouvelles : j'ai cru devoir les joindre , par des notes , à mesure que l'occasion s'en est offerte en revoyant mon premier travail ; je désire surtout que les agriculteurs soient bien convaincus que tout ce que j'avance , est le résultat de mes observations et d'une longue pratique sur la culture du Murier, au succès de laquelle je dois cette honnête aisance (1) qui suffit au père de famille pénétré de ce qu'a dit un de nos plus grands poëtes :

Heureux qui satisfait de son humble fortune,
. . . .
Vit dans l'état obscur où les dieux l'ont caché !

_____

(1) Je récolte annuellement trente quintaux de cocons, ou 1468 kilogrammes environ, résultat de mes plantations.

PROGRAMME

par l'Académie de Valence, en 1787.

E ST-IL *utile ou désavantageux de greffer le Murier blanc,*

1.º Relativement à la végétation et à la durée de cet arbre?

2.º Eu égard à la vie, à la santé et à la vigueur des vers-à-soie, dans leurs différentes mues?

3.º Par rapport à la quantité, à la qualité, à la force et à la finesse de la soie?

Il est observé que, dans le grand nombre d'expériences que l'Académie laisse au choix des auteurs, elle exige les suivantes.

On pesera scrupuleusement la même quantité de graine de vers-à-soie; on la fera éclore au même degré de chaleur, et les vers qui éclôront seront élevés dans la même magnonerie, sur deux tables séparées; une de ces

B

tables sera uniquement servie avec des feuilles entes, et l'autre de feuilles de sauvageons.

L'observateur tiendra un journal exact de tout ce qui se passera sur les deux tables; il examinera soigneusement le plus ou le moins de vigueur des vers, les époques plus ou moins retardées des mues, la durée plus ou moins grande de chacune, le plus ou le moins d'activité que les vers montreront à la montée; enfin, et c'est ici l'essentiel, il notera avec précision la quantité de cocons qu'il aura recueillie sur chaque table, leur pesanteur avant et après avoir été fournoyés.

Pour compléter ces expériences intéressantes, il prendra deux cocons d'égale grosseur, de chacune des deux tables; il en comparera la soie relativement à la finesse, à la force et au lustre de chaque brin pris individuellement. Prenant ensuite plusieurs cocons de chaque espèce, il les fera filer séparément, en joignant un égal nombre de brins de la même table : il comparera de nouveau la finesse, la force et le lustre de la soie provenue de cette filature. Ces observations faites avec soin seront insérées par ordre et en détail dans les mémoires envoyés au concours.

MÉMOIRE

Sur les avantages ou les inconvéniens de la culture du Murier blanc, greffé;

ou

RÉPONSE aux questions renfermées dans le Programme publié par l'Académie de Valence (1).

> Ut varias usus meditando extunderet artes
> Paulatim , et sulcis frumenti quæreret herbam.
>
> *VIRG. Georg.* LIB. I.

L'IMPORTANCE des programmes publiés par l'Académie de *Valence*, depuis son établissement, prouve l'utilité de ses travaux; son cri de bienfaisance est parvenu jusques dans ma retraite : puisse mon zèle suppléer au défaut de talens, pour traiter des questions qui paraissent aussi intéressantes à discuter, qu'elles ont été jusqu'à présent difficiles à résoudre.

---

(1) *On trouvera peut-être dans ce Mémoire quelques expressions qui ne sont point généralement usitées aujourd'hui, mais qui l'étaient à l'époque où il a été composé* (*en* 1790).

Il faut l'avouer, ce n'est qu'avec peine que j'essaie d'offrir le résultat de mes observations et de mes expériences, sur un sujet assez important pour avoir occupé une place dans les écrits des plus grands agriculteurs, et assez épineux pour avoir entièrement partagé leurs opinions.

Ce serait en quelque sorte méconnoître le mérite de ces grands hommes, que d'entreprendre, sans une juste crainte, de prononcer sur la question qui les divise; mais c'est leur rendre hommage que de marcher sur leurs pas, en suivant la carrière qu'ils ont ouverte pour l'utilité publique : c'est remplir leurs vues que de joindre à leurs raisonnemens les résultats de l'expérience, et de fixer ainsi les incertitudes sur une des branches les plus précieuses de notre agriculture.

PLAN DU TRAVAIL.

Pour répondre aux questions renfermées dans le programme, il convient d'examiner, sous différens chapitres, les avantages et les inconvéniens de la culture des différentes espèces de muriers; soit d'après l'avis des auteurs qui ont écrit pour ou contre, soit d'après les notions qui naissent de l'expérience.

CHAPITRE PREMIER.

Des avantages de la culture du Murier sauvageon.

CHAPITRE VIII.

*Vues générales sur les causes du dépérisse-
ment des Muriers, et sur les moyens d'y
remédier.*

CHAPITRE IX.

Résumé et Conclusion.

~~~~~~~~~~~~~~~~~~~~~~~~~~~~~~

CHAPITRE PREMIER.

*Des avantages de la culture du Murier
sauvageon; sentimens de divers auteurs à
ce sujet.*

L'OBSERVATEUR qui a parcouru les campagnes et les forêts, s'est aperçu sans doute
que tout arbre sauvageon, de quelque espèce
qu'il soit, s'élève à une grandeur et acquiert
un diamètre plus considérable qu'un arbre de
la même espèce, lorsqu'il a été dompté par
l'insertion de la greffe; et que sa durée est en
général également plus longue.

Pour se convaincre de cette vérité, il suffit
de comparer les arbres à fruits sauvageons,
soit poiriers, pommiers, pruniers, et même
les noyers, avec d'autres arbres de pareille
nature, mais améliorés par la greffe, et l'on
reconnoîtra que tout arbre livré à lui-même,

et dans son état primitif, existe plus long-temps, et acquiert un volume plus considérable que tout arbre greffé.

Parmi les causes qui s'opposent à la durée des plantations de muriers, à leur élévation et à leur développement, la greffe en est sans doute une des principales ; rien n'indique aussi que les premiers muriers plantés en France sous les règnes de *Charles VII*, de *Charles VIII*, d'*Henri II* et d'*Henri IV*, fussent greffés, et ils parvenaient à un âge très-avancé, à une hauteur et à un volume qui égalaient presque nos plus beaux arbres indigènes. La dégradation apparente de cet arbre naturalisé dans nos climats, étonne la plupart des cultivateurs modernes, parce qu'ils n'en ont pas approfondi les différentes causes : je tâcherai de les indiquer dans le cours de cet ouvrage.

Je place donc au nombre des avantages de la culture du murier sauvageon, sa durée qui est incontestablement plus longue que celle des muriers greffés.

Je m'accorde sur ce point avec des auteurs dont le témoignage est d'un grand poids, notamment M. *Dubet*, dans sa *Muriométrie*. Cet auteur regarde aussi la feuille du sauvageon comme préférable pour la nourriture des vers-à-soie, et pour la qualité et même la quantité de la soie qu'ils rendent ; et quoique je diffère à cet égard de son opinion, je vais extraire ce qu'il dit sur cet objet, pag. 39, 43 et 47.

« Je regarde la feuille du murier sauvageon
» comme la plus analogue à la constitution
» des vers-à-soie, et tout le monde convient
» que les maladies qui font le plus de ravages
» sont causées, pour la plupart, par une trop
» grande réplétion; l'expérience me démontre
» tous les jours que, quand le sauvageon vient
» d'une graine bien choisie, qu'il n'a pas
» langui dans les pépinières, qu'il n'a pas été
» effeuillé, qu'il n'est fait ni par bouture ni
» par provignement, qu'il est dans un terrain
» ordinaire, cultivé, cueilli avec les soins
» nécessaires, il est d'un prompt rapport, d'un
» produit honnête, et qu'il réunit, exclusive-
» ment à tout arbre, les qualités essentielles
» au succès des vers-à-soie et à la beauté de
» la soie, et celle d'une longue jouissance que
» sa constitution robuste assure au cultivateur
» et à l'état. Je dois ajouter aux principaux
» inconvéniens de la greffe celui de retarder
» certainement la jouissance du cultivateur ;
» car on substitue à une branche déjà faite,
» un germe étranger qui ne donnera un pareil
» bois tout au plus que l'année suivante et
» révolue, supposant même que la greffe réus-
» sisse bien, ce qui n'arrive pas toujours. »

M. l'abbé *de Sauvages* pense, à certains
égards, comme M. *Dubet*, c'est-à-dire qu'il
est convaincu que le murier greffé vit moins
de temps. Il s'énonce ainsi dans son ouvrage si
précieux aux cultivateurs, page 43 : « Les
» rameaux qui poussent d'une greffe, attirent,
» par la succion, beaucoup plus de substance

» de la tige et des racines que ne faisaient
» auparavant les branches naturelles, et cette
» substance se dissipe de même plus abon-
» damment par la transpiration des feuilles
» de la greffe, que par celle du sauvageon.
» C'est de là que vient l'accroissement plus
» rapide et le plus grand produit des muriers
» francs ou greffés; mais les branches de ces
» derniers fatiguent beaucoup plus le sujet
» ou la tige étrangère qui le porte, et elles
» épuisent davantage la terre qui les nourrit,
» en absorbant plus de sève : tout l'arbre
» meurt beaucoup plutôt qu'un pur sauvageon,
» dont l'accroissement plus lent et le produit
» bien moindre sont en revanche plus solides
» ou de plus de durée. » Telle est l'opinion
de M. *de Sauvages* sur les avantages du
murier naturel; je rapporterai bientôt l'avis
de cet auteur relativement au murier greffé,
auquel il finit par donner la préférence.

M. *Constant du Castelet*, dans son ouvrage
intitulé *l'Art de multiplier la soie, ou Traité
sur les Muriers blancs*, soutient aussi, p. 31, 32
et 33, l'affirmative en faveur du murier sauvageon; je me borne à cette seule citation : «L'abon-
» dance des cocons et leur parfaite qualité ne
» sont pas les seuls avantages dont nous jouis-
» sions, en ne nourrissant les vers-à-soie qu'avec
» de la feuille de muriers sauvages; nous
» perpétuons encore la durée de nos plantations
» en n'y employant que cette espèce; c'est
» de quoi on ne doutera pas, si l'on observe
» que les muriers sauvages, plantés depuis

» plus de 80 ans, sont encore vigoureux et
» beaux, tandis que les greffés qui ont la moitié
» moins d'ancienneté, commencent à dépérir
» sensiblement. Pour mieux constater la diffé-
» rence de la durée des deux espèces, je ne
» demande qu'une épreuve, une fois faite :
» que l'on plante quatre muriers sauvages et
» autant de greffés (dans un terrain sablon-
» neux, c'est le plus propre aux muriers) ;
» je réponds des premiers, car je l'ai éprouvé
» moi-même ; ils seront trois ans après plus
» beaux, languiront moins, et dureront toujours
» la moitié plus que les greffés, qui sont
» naturellement sujets à des maladies qui
» n'ont d'autres causes que l'opération de la
» greffe. »

Le restaurateur de l'agriculture en France,
M. l'abbé *Rozier*, ne décide pas précisément
la question ; il rapporte les avantages et les
inconvéniens des deux cultures, et laisse au
cultivateur le soin de se déterminer ; il s'énonce
ainsi, page 55 de son 7.ᵉ volume du *Cours
d'Agriculture*, art. *Muriers* : « Je ne donne
» l'exclusion ni au murier sauvageon, ni au
» murier greffé ; ces deux espèces au con-
» traire sont à cultiver avec soin, relativement
» au climat et au but qu'on se propose. Si
» l'on plante des muriers pour en louer la
» feuille, il est clair qu'il est plus avantageux
» aux propriétaires d'avoir des muriers greffés ;
» la beauté de la feuille et la qualité frappe-
» ront celui qui loue, et il payera chèrement :
» si au contraire le propriétaire se propose

» de faire filer, s'il a un plus grand bénéfice
» en préparant de la soie superfine, si le climat
» et le sol secondent ses vues, c'est le cas
» de planter du sauvageon à feuille rose. Les
» uns ont donc eu raison de vanter les muriers
» greffés, et les autres ceux qui ne l'étaient
» pas. »

« Il est constant, ajoute M. *Rozier*, qu'un
» murier sauvageon, c'est-à-dire qui n'a pas
» été greffé, à feuille rose et bonne, est plus
» près de la nature et par conséquent plus
» assimilé à la nourriture des vers que la
» feuille du murier greffé, et l'arbre sauvageon
» vit beaucoup plus long-temps que l'autre. »

D'après ce que nous venons de rapporter,
l'on voit que les principaux avantages de la
culture du murier sauvageon se réduisent à
deux points essentiels ; le premier, et qui est
incontestable, sa durée plus longue que celle
du murier greffé ; et le second, la qualité de
la feuille, qui est regardée comme plus analogue
à la nourriture des vers, et qui fournit, selon
ces auteurs, une qualité de soie supérieure à
celle du murier greffé.

Un des principaux avantages des muriers
sauvageons, qu'il ne faut point omettre, c'est
la hauteur et le diamètre qu'il acquiert de plus
que le greffé. Ainsi dans des pays peu boisés,
de tels troncs offriroient une ressource précieuse
pour faire les douves des vaisseaux vinaires,
des planches, et une infinité d'autres meubles
ou outils aratoires, dont le besoin se présente
fréquemment à la campagne. Tels sont les

avantages du murier sauvageon : examinons maintenant les inconvéniens que peut présenter sa culture.

CHAPITRE II.

Des désavantages du Murier sauvageon.

ON doit placer au nombre des inconvéniens de la culture du murier sauvageon la taille plus fréquente qu'il nécessite. Il est constant que, si l'arbre est planté dans un terrain peu fertile ou même d'une médiocre qualité, sa végétation étant alors moins active, son bois devient épineux, la cueillette en est d'une difficulté extrême, et l'on ne remédie à ces inconvéniens qu'en élaguant fréquemment les branches de l'arbre, parce qu'alors la feuille est bien plus aisée à cueillir sur les nouveaux jets qu'il repousse.

Mais il résulte d'abord une augmentation de dépense pour les frais de la taille, et ce qui est bien plus essentiel, les plaies fréquentes qu'opèrent des tailles réitérées, abrègent nécessairement la durée de l'arbre, puisqu'il est certain que le versement de la sève, occasionné par la coupure des branches, est une des principales causes qui abrègent la durée des muriers, sans compter encore les dangers qui ne vont que trop à la suite de la maladresse des ouvriers qui s'emploient ordinairement à ces opérations, dont la délicatesse exigerait

une main habile et des connoissances bien
supérieures à celles de nos cultivateurs les
plus expérimentés.

Un autre désavantage du murier sauvageon
est, comme nous l'avons dit, la difficulté de
la cueillette. On ne peut nier qu'il ne faille
au moins le double de temps pour cueillir la
même quantité de feuille sur un sauvageon
que sur un greffé ; nous aurons occasion de le
démontrer d'une manière qui ne laissera rien
à désirer.

On sait, et c'est un principe indubitable,
que l'économie du temps est un des plus grands
secrets de l'agriculture. D'un autre côté, le
murier naturel, en lui supposant même un
diamètre et un bouquet plus grands qu'au
murier greffé, fournira cependant une moindre
quantité de feuille propre à être donnée aux
vers-à-soie. Ce déficit se vérifie par des épreuves
journalières, et le cultivateur attentif ne l'ignore
pas : il peut être attribué à deux causes principales. La première est sans doute qu'une
grande partie des sucs nourriciers n'étant pas
élaborés par les canaux de la greffe, se convertit
naturellement en fruits, ordinairement inutiles
par défaut de maturité ; la seconde, parce que
le murier sauvageon jouissant de toute la force
qui lui est propre, s'emporte et pousse une
certaine quantité de scions que l'on n'a garde
de cueillir, soit par la difficulté de la cueillette,
soit que l'expérience ait appris que la feuille
qu'ils produisent, nuit au ver et lui occasionne
diverses maladies.

Pour remédier à ces inconvéniens, qui ont été vivement sentis par les plus zélés partisans des muriers sauvageons, ces auteurs, entr'autres M. *Dubet*, et même M. l'abbé *Rozier*, conseillent de faire les semis avec des graines prises sur des muriers francs; parce qu'alors, disent-ils, les plans qui en proviendront, donneront une feuille d'une qualité moyenne, qui, sans le secours de la greffe, sera d'une belle et bonne qualité, et l'arbre réunira les avantages de la greffe, sans en avoir les inconvéniens.

J'avais une manière de voir semblable à celle de ces auteurs, lorsqu'en 1775, faisant greffer une pépinière de muriers assez considérable, je voulus faire un choix des arbres dont la feuille me paraissait d'une belle nature et n'avoir pas besoin du secours de la greffe; je consultai même, pour faire ce choix, l'ouvrier qui greffait les plants dont la feuille était plus découpée; ainsi une partie de la pépinière fut greffée, et l'autre ne le fut pas.

Je plantai mes arbres en 1776 et en 1777; la feuille des plants non greffés parut d'abord soutenir sa qualité pendant les deux ou trois premières années; mais, passé ce terme, à mesure que les arbres prenaient de la consistance et que la végétation était moins active, la beauté de la feuille disparut; enfin, à la 5.ᵉ ou 6.ᵉ année de plantation, elle se trouva absolument dentelée : je fus donc forcé de les greffer et de me priver de plusieurs années de jouissance, pour attendre que les sujets eussent repris une partie du bouquet qu'on leur avait ôté en les greffant.

Ce n'est pas la seule expérience que j'aie faite en ce genre; en 1779, je formai une autre pépinière de muriers, d'environ 900 pieds; j'avais tiré la pourette des semis de M. *Thomé* de Lyon, que j'aurai occasion de citer, et tous les plants que vendait M. *Thomé* venaient de graines prises sur murier franc, ou murier rose; j'étais donc dans la persuasion qu'elle me donnerait des sujets qui produiraient une belle feuille sans le secours de la greffe.

A la première et à la seconde année de pépinière, la feuille parut médiocrement belle; à la 3.ᵉ année, je remarquai une différence sensible, la feuille avait dégénéré; enfin à la 4.ᵉ année, je me décidai à greffer tous les plants de la pépinière, et je n'ai eu qu'à m'en féliciter.

Ce n'est pas dans la culture du murier seul que l'on peut vérifier une semblable expérience; si l'on sème, par exemple, des pêches, des abricots, ou tout autre fruit à noyau, même de la plus belle qualité, sur 50 pieds, trois ou quatre seulement tiendront à la qualité primitive; tout le reste aura besoin d'être greffé.

Voici encore une expérience que j'ai faite à ce sujet.

J'ai formé, à trois reprises différentes, des pépinières de noyers avec des noix prises des noyers tardifs, communément appelés de *St-Jean*, à raison de leur floraison tardive. Sur environ 1200 pieds qui composaient les trois pépinières, je n'en ai pas reconnu 50 pieds qui pussent se passer de la greffe; tous les autres

étaient feuillés comme les noyers les plus
hâtifs ; je ne m'étendrai pas davantage sur ces
diverses comparaisons qui seront facilement
aperçues.

Il faut donc conclure des expériences que
j'ai rapportées, qu'en supposant même le semis
de la pourette formé avec de la graine prise
sur murier franc , il est difficile de pouvoir
faire un choix de pieds de muriers qui aient une
qualité de feuilles qui puisse réunir une partie
de l'avantage de la greffe , si l'on recherche
jusques à un certain point la beauté de la
feuille et la facilité de la cueillette. En décri-
vant les avantages du murier greffé , je mon-
trerai encore plus particulièrement les inconvéniens des sauvageons, sur lesquels je ne
m'étendrai pas davantage dans ce chapitre,
pour ne pas tomber dans des répétitions inutiles.

CHAPITRE III.

Des avantages de la culture du Murier greffé
et de ses inconvéniens; opinion de divers
auteurs à cet égard.

LES seuls inconvéniens que je reconnoisse au
murier greffé, d'après l'avis des auteurs et ma
propre expérience, se réduisent à ce qu'il est
d'une durée moindre que le sauvageon ; il
végète beaucoup plus vîte et avec plus de force ;
il est donc naturel que son épuisement soit plus
rapide ; enfin il n'acquiert pas un volume aussi
considérable

considérable que le sauvageon, et son tronc est d'une qualité inférieure, surtout si l'arbre est greffé près de terre et que le pied soit formé par la greffe.

De ses avantages. Ils sont inappréciables à mes yeux et peuvent difficilement se calculer.

1.º La taille est beaucoup moins dispendieuse, par la raison que le murier greffé ne buissonne pas autant que le sauvageon; par conséquent on n'est pas obligé de recourir aussi, souvent à la taille pour en faciliter la cueillette, et il faut ajouter à cette économie l'avantage de ne pas épuiser l'arbre par des retranchemens réitérés : un murier greffé, taillé tous les 4 à 5 ans, sera en aussi bon état qu'un sauvageon qu'il faudra élaguer ou rabattre tous les deux ans; c'est une expérience que j'ai faite plusieurs fois.

2.º La cueillette est sans contredit la moitié plus facile sur le murier greffé que sur le sauvageon, c'est-à-dire que quatre hommes, par exemple, cueilleront autant de feuilles, dans un temps donné, sur des muriers greffés, que huit sur des muriers sauvageons.

3.º En supposant que dix muriers greffés et dix muriers sauvageons soient plantés dans un même temps et dans le même sol, entretenus et soignés de même, j'assure que les greffés donneront beaucoup plus de produit que les sauvageons, toutes choses égales d'ailleurs; c'est ce que l'on ne peut révoquer en doute : plusieurs auteurs ont connu cette vérité ; je vais citer les plus remarquables.

C

Parmi ces auteurs on doit d'abord distinguer et faire hommage à *Olivier de Serres*, surnommé avec raison le père de l'agriculture; voici comme il s'énonce dans son ouvrage intitulé *le Théatre d'agriculture*, livre 5, pag. 464 et 465; on sait que cet auteur écrivait il y a plus de deux siècles.

Après avoir recommandé, par un effet sans doute de la prévention qui avait gagné de son temps, la culture du murier à mûres noires, il ajoute : « Surtout sera pourvu à ce point,
» que de bannir de la meurière la feuille
» trop fripallée, car outre que c'est signe de
» peu de substance, elle n'abonde tant en
» viande que celle qui a peu de deschiquetures;
» à quoi le remède est d'enter en canon ou
» écusson les arbres ayant besoin de tel
» affranchissement, dont le profit qui en
» revient est grand pour cette nourriture, vu
» que par ce moyen le peu de mauvaise et
» chétive feuille se convertit en abondance
» de bonne et substantielle, avec d'autant d'a-
» vantage qu'on a de changer ès vergers par
» semblable artifice les fruits sauvages en
» francs, art très-notable, pour ce même âge;
» cet affranchissement se pratique à souhait
» ès muriers de tout âge, jeunes et vieux; en
» ceux-ci sur les nouveaux rejets de l'année
» précédente, ayant lors les arbres été
» étestés. » Il propose ensuite comme très-utile de greffer en pépinière et de perpétuer les plants greffés par des espèces de provins; « afin que la pépinière soit toujours fournie

» d'excellente feuille, douce et grande, et
» par conséquent exempte de toute sauvagine,
» exquise et abondante nourriture. » Tels
sont enfin les arbres qu'il prescrit d'*élire*,
afin d'avoir, dit-il, « abondance de bonne
» soie. »

Telle était l'opinion d'*Olivier de Serres*, sur
la préférence à donner à la culture du murier
greffé, et son suffrage est sans contredit d'un
très-grand poids. Suivons les auteurs qui ont
traité cette matière depuis lui, et qu'une
pratique éclairée a mis dans le cas de prononcer.

M. l'abbé *de Sauvages*, dont j'ai rapporté
le sentiment, en parlant du murier sauvageon,
finit aussi par donner la préférence au murier
greffé. « Les cultivateurs, dit ce savant abbé,
» dans son mémoire *sur la culture du murier*,
» pag. 56, se sont décidés pour la greffe,
» afin de recueillir plutôt, et avec moins de
» peine, beaucoup plus de feuille, au hasard
» de jouir moins de temps, eux ou les leurs,
» de ce profit, que s'ils avaient laissé le mu-
» rier dans son état naturel de sauvageon. »

M. *Buffel*, inspecteur des manufactures du
Languedoc, à qui l'on doit un ouvrage excellent, connu sous le titre de *Réflexions criti-
ques sur la Muriométrie de M. Dubet*,
imprimé à Paris, chez Minory, 1775, s'est
aussi déclaré en faveur des murier greffé.

« Il est bien vrai, dit cet auteur, page 67,
» que le murier greffé vit moins de temps
» que le sauvageon; mais la différence n'est
» pas si grande que quelques-uns veulent se

» le persuader : il est également vrai qu'il ne
» porte pas plus de dommages à la récolte
» des grains que le sauvageon, et qu'il produit
» autant de feuille en 3o ans, que le sauva-
» geon en 5o. Mais ce n'est pas tout ; deux
» hommes cueillent autant de feuille en un
» murier greffé, que trois à un sauvageon,
» et les prix des journées ont augmenté du
» tiers depuis 25 à 3o ans. Si l'on veut réflé-
» chir sur ces vérités, on conviendra que la
» greffe est nécessaire pour tirer avantage
» des muriers. »

Il combat ensuite l'idée de M. *Dubet* qui
regardait la feuille du murier greffé comme
en quelque sorte métamorphosée, et il appuie
ses preuves sur quelques réflexions fort sim-
ples, mais toutes tirées d'une longue expérience ; les voici.

1.º « La soie provenue de cocons dont les
» vers ont été nourris avec des feuilles de
» muriers greffés, pour la plus grande partie,
» est aussi bonne et même supérieure que
» celle du Piémont, puisque les fabricans de
» Lyon, qui l'achètent, sont connaisseurs et
» point dupes. »

2.º « Il y a 40 à 5o ans que nous n'avions
» guères de muriers greffés, et nos soies
» n'étaient pas d'une meilleure nature. »

3.º « Les cocons rendent autant de soie
» que dans ce temps-là. »

4.º « Un murier greffé ne porte pas plus
» de préjudice à la récolte des denrées de
» première nécessité que le sauvageon, comme
» on l'a observé. »

5.° « Enfin, la cueillette des feuilles de
» murier greffé coûte généralement un tiers
» de moins que celle du sauvageon. » Plus
bas, page 71, M. *Buffel* ajoute : « L'expérience
» que font, tous les ans, quelques-uns des
» fabricans de soie du Bas-Vivarais, de Colom-
» bier, de Romans et de la Sône en Dauphiné,
» quelques-uns de Provence et du Bas-Lan-
» guedoc, prouve invlnciblement que M. *Dubet*
» n'a pas bien fait les siennes, puisqu'il se
» fait en tous ces pays des soies organsins
» qui valent ceux du Piémont de même qualité;
» et en Dauphiné, des trames très-fines,
» supérieures à toutes autres; d'ailleurs il
» serait très-difficile de trouver, non pas
» un seul quintal, mais même cinquante livres
» de soie dont les vers auraient été nourris
» avec de la seule feuille de muriers sauva-
» geons ; et quant à la longue jouissance que
» sa constitutiou robuste assure suivant M.
» *Dubet*, au cultivateur et à l'État, je dirai
» que j'ai greffé des muriers, il y a 45 ans,
» que, sauf un hiver comme celui de 1709,
» mon fils ne verra pas mourir, quand même
» il vivrait plus que je n'ai vécu, à quel âge
» que je puisse parvenir. »

Telles sont les raisons péremptoires que
donne M. *Buffel* en faveur de la greffe du
murier : on doit d'autant plus avoir d'égard à
son suffrage, que sa qualité d'inspecteur des
manufactures du Languedoc prouve sans doute
ses connaissances en ce genre, et son expérience.

M. *Pommier*, ingénieur des ponts et chaussées, dans son ouvrage intitulé *Culture du mûrier blanc*, *dédié aux États de Languedoc*, 1763, donne également la préférence au mûrier greffé, surtout pour les plantations en nains ou taillis : l'auteur voudrait aussi que l'on greffât le mûrier blanc sur le mûrier noir, par la raison que celui-ci étant d'une constitution plus robuste, la communiquerait sans doute à l'autre ; mais il observe que peut-être aussi lui communiquerait-il une partie de son acide, ce qui pourrait nuire à la qualité de la feuille que produirait alors le mûrier blanc.

Feu M. *Rigaud-de-l'Isle*, excellent citoyen à qui l'on doit plusieurs ouvrages en agriculture, et notamment deux sur l'éducation des vers-à-soie et la culture du mûrier, adopte de même l'usage de la greffe : il se fonde sur l'exemple de l'Italie et du Piémont, et sur sa propre expérience. (Voyez son Mémoire sur l'éducation des vers-à-soie, seconde édition, pag. 40 et 41.)

Un ouvrage imprimé sans nom d'auteur, à Paris, chez la veuve *Lotin et J. P. Butard*, 1757, ayant pour titre *De la culture des muriers blancs, et de l'éducation des vers-à-soie*, traite cette matière *ex professo*. L'on regrette que l'auteur ait gardé l'anonyme, et que l'on ne puisse lui rendre le tribut d'éloges qu'il mérite ; voici son opinion, pag. 4, 5 et suivantes.

« La soie qu'on tirerait des muriers blancs

» sauvageons serait très-belle ; mais la feuille
» en est si petite, si mince , si peu nourris-
» sante , qu'une très-grande plantation de
» cette espèce ne donnerait qu'une très-mé-
» diocre quantité de soie. »

« La feuille du murier franc est préférable
» à toute autre pour la nourriture des vers ,
» et elle est encore meilleure quand les arbres
» sont greffés ; car la greffe fait sur les muriers
» le même effet que sur les arbres à fruits ;
» elle perfectionne la sève, elle fait pousser
» une feuille plus grande , plus belle et plus
» nourrissante. M. *Isnard* pense comme nous
» et appuie de quatre raisons solides la pré-
» férence qu'il donne au murier franc sur le
» murier noir. »

« La première, c'est que la feuille en est
» plus tendre, plus appétissante et plus natu-
» relle aux vers. »

« La seconde, c'est qu'il jette les feuilles
» 15 ou 20 jours plutôt ; par ce moyen les
» vers sont avancés de 15 ou 20 jours, et ne
» sont pas exposés aux grandes chaleurs du
» solstice d'été, qui en font toujours périr
» beaucoup. »

« La troisième, c'est que le murier blanc
» croît beaucoup plus vîte que le noir, qu'il
» s'accommode mieux à toutes sortes de ter-
» rains , et qu'on peut l'effeuiller et même lui
» rompre des branches sans lui faire tort. »

« La quatrième enfin, c'est que la feuille
» du murier blanc ; surtout quand il est greffé,
» influe beaucoup sur la quantité et sur la

» qualité de la soie : elle la fait rendre aux
» vers beaucoup plus fine et de plus haut prix
» que celle du murier noir. »

M. *Faujas-de-St-Fond*, connu par ses sa-
vantes et utiles productions, rapporte dans son
Histoire naturelle du Dauphiné, page 74,
une lettre très-détaillée de M. *de Payan d'Aubenas* sur la culture du murier, qui prouve
que ce célèbre cultivateur donnait aussi la
préférence au murier greffé. Enfin, M. *Thomé*,
de la Société royale d'agriculture de Lyon,
dans son ouvrage *sur la culture du murier
blanc*, s'énonce ainsi, pag. 22 et 23.

« Les plantations de muriers ont pour objet
» la nourriture des vers-à-soie, et quoique
» cet insecte précieux se nourrisse de toutes
» espèces de feuilles de murier, cependant
» il en est qu'il préfère et qu'il convient de
» lui donner suivant ses différens âges : nous
» renvoyons, pour ces détails, à l'instruction
» sur la manière d'élever les vers-à-soie, et
» nous nous bornerons ici à faire connaître
» la meilleure espèce de murier, pour les vers,
» pour la qualité de la soie, ou pour le plus
» grand avantage des propriétaires et des
» nourriciers; cette espèce est celle du murier
» rose ou d'Italie, la même avec laquelle on
» élève les vers-à-soie en Piémont; c'est à la
» connaissance de cet arbre que les provinces
» de Languedoc, Vivarais, Provence et Haut-
» Dauphiné sont redevables de la quantité
» de soie qu'elles recueillent aujourd'hui,
» tandis que notre province de Lyonnais,

» attachée depuis 5o à 6o années à ne cul-
» tiver encore que le murier sauvageon,
» connoît à peine ce produit. »

« Le murier rose ou d'Italie est non-seule-
» ment le plus convenable à la nourriture des
» vers-à-soie, mais il est encore celui qui la
» fournit avec le plus d'abondance : nous
» avons comparé la dépouille de ses feuilles,
» à l'âge do huit ans, contre un sauvageon
» de même âge, planté dans le même champ;
» le premier nous a donné 5o livres de feuille,
» le second n'en a pas eu 10 livres; la dé-
» pouille du premier a été faite en moins de
» 5o minutes, et celle du second a occupé le
» cueilleur une matinée entière; enfin, la
» feuille du premier a été louée 3o sous, celle
» du second, 5. Voilà des avantages bien con-
» sidérables, qui n'en seront pas moins com-
» battus par le préjugé, enfant de l'ignorance.»

Tel est l'avis des principaux auteurs; mais
ce n'est pas sur leur suffrage seul que doit
porter la décision d'une question aussi inté-
ressante. Ce sont surtout des expériences que
l'Académie paraît désirer : je vais rendre un
compte détaillé de celles qui me sont personnelles.

CHAPITRE IV.

*Suite des avantages de la culture du Murier
greffé, et expériences à ce sujet.*

AVANT que les plantations que j'ai en muriers greffés eussent acquis une certaine

consistance, j'avais soin de faire cueillir les
muriers sauvageons que j'avais trouvés dans
mes petites possessions, dès le premier âge
des vers-à-soie, où l'on est moins pressé de
feuille, et je conservais celle des muriers
greffés pour la donner après la levée de la
4.ᵉ mue.

J'ai constamment éprouvé pendant plusieurs
années, que 8 ou 10 hommes suffisaient à
peine pour cueillir sur des sauvageons, la
feuille nécessaire à 90 ou 100 tables de vers
à la fraise; tandis que 4 ou 5 hommes en
fournissaient amplement, lorsque, pressé
par le besoin, je faisais quitter les muriers
sauvageons pour ramasser les feuilles des
muriers greffés; encore faut-il observer que
mes plantations en muriers greffés se trouvant alors encore jeunes, les ouvriers étaient
obligés de perdre beaucoup de temps pour
se porter d'un arbre à l'autre, placer les
échelles, etc., ce qui n'arrivait pas sur les
sauvageons, sur lesquels on pouvait cueillir
deux ou trois sacs de feuille sans se déplacer.

C'est une expérience que j'ai faite, non
pas une seule année, mais pendant huit années consécutives; elle est sensible à présent
chez moi, soit par le dépérissement de mes
anciens muriers, parce qu'ayant augmenté
mes récoltes en soie, je suis obligé de recourir plutôt à la feuille greffée.

Après avoir éprouvé en grand l'avantage de
la cueillette sur les muriers greffés, j'ai
voulu, comme M. *Thomé*, comparer plus

particulièrement le temps nécessaire pour dépouiller des muriers greffés et des muriers sauvageons, et j'ai reconnu que sur des muriers de l'une et de l'autre espèce, tous plantés en 1774, mes ouvriers ont dépouillé en quatre heures et demie de temps, montre en main, six muriers greffés, et qu'ils ont employé huit heures et trois quarts pour en dépouiller six qui avaient conservé leur état naturel : ayant ensuite pesé la quantité de feuilles prises sur les divers muriers, j'ai trouvé que les muriers greffés m'ont donné à raison de 90 livres de feuille par arbre, en total 540 ; et les sauvageons 50 livres seulement par arbre, en total 300 livres ; enfin, les 540 livres de feuille provenue des greffés ont fourni pour donner à 50 tables de vers à la fraise, et les 300 livres de sauvageons à 30 tables. Au reste il faut convenir qu'on avait ôté sur la feuille des sauvageons les mûres et les scions qui s'y trouvent toujours en grande quantité, et qui ne peuvent profiter pour la nourriture des vers, surtout lorsque le fruit n'est pas mûr, ce qui arrive presque toujours. J'ai fait les expériences que je viens de rapporter en juin 1787 ; je les ai réitérées en 1788, et les résultats ont été à peu près les mêmes.

Ce n'est point encore là que se réduisent les expériences que j'ai à rapporter sur les avantages considérables des muriers greffés ; en voici qui me paraissent sans réplique, et ne pouvoir être révoqués en doute.

Dans le pays que j'habite (1), comme dans presque tous ceux où le murier est cultivé en grand, lorsque le propriétaire ne peut pas élever par lui-même tous les vers-à-soie nécessaires à la consommation de la feuille de ses plantations, l'usage est qu'on donne le surplus, en total ou en parties séparées, à des particuliers à moitié; c'est-à-dire que le propriétaire fournit la feuille, et le particulier élève les vers-à-soie, ramasse la feuille, la bruyère, enfin, donne tous les soins nécessaires à l'éducation; et la récolte en cocons est partagée, par égale part et portion, entre le propriétaire et le cultivateur. Celui des deux qui fournit le bois pour le chauffage des vers et le logement, ainsi que les planches pour les tables, profite de la litière des vers, que l'on juge suffisante pour indemniser de ces derniers objets.

En préférant de cultiver les muriers greffés, je prévis bien que je pourrais tirer un parti avantageux de la facilité avec laquelle on cueille ces arbres, et de l'abondance des feuilles qu'ils produisent. J'avais, jusqu'en 1787, donné à faire à moitié les vers-à-soie, pour lesquels mes bâtimens ne suffisaient pas, et selon la méthode usitée, comme je viens de l'expliquer. Mes plantations ayant donc acquis de la consistance, je proposai à des particuliers de leur donner les vers-à-soie à élever au tiers, au lieu de la moitié, en leur

---

(1) Le département de la Drôme.

faisant remarquer l'avantage des muriers greffés, qui ne se rencontraient pas chez mes voisins. Par accommodement, nous convînmes des deux cinquièmes au lieu du tiers, c'est-à-dire que, comme propriétaire, j'ai les trois cinquièmes du produit en cocons, et les éducateurs ont les deux cinquièmes.

J'ai fait le même marché en 1788 et 1789, et je suis convenu de même pour 1790. J'ai donc gagné et je gagnerai désormais un dixième dans la récolte de mes cocons. Or, si un propriétaire a des plantations assez considérables pour pouvoir fournir à concurrence de 10 quintaux de cocons, il en aura 6 pour lui au lieu de 5. S'il en récolte 20, il en aura 12 quintaux au lieu de 10. Cet excédant fournira amplement à l'entretien des plantations, des bâtimens, etc. etc.; et alors le propriétaire peut se considérer comme ayant la moitié du produit net.

Mais je ne borne point là les avantages que je retirerai des muriers greffés; j'ai observé que j'ai encore des muriers sauvageons anciens, qui conduisent au moins jusqu'à la troisième mue, et souvent jusqu'à la quatrième, les diverses nourritures de vers que je fais élever, et que ce n'est qu'à cette époque que je fais donner la feuille greffée. Je ne doute pas que, si je ne livrais que de la feuille greffée, je ne parvinsse à décider mes métayers à me donner les deux tiers du produit au lieu des trois cinquièmes, et sans doute, sous peu d'années, je pourrai jouir de cet avantage, ainsi qu'y est déjà parvenu un agriculteur de ma connoissance, qui jouit déjà de ce bénéfice entier depuis plusieurs années.

L'on pourra trouver, sous cet aperçu, la condition des éducateurs un peu dure. Mais ce n'est pas de quoi il s'agit; il suffit que le propriétaire trouve des encouragemens nouveaux sans nuire à personne, et si le métayer était lésé, il n'aurait garde de continuer une convention onéreuse. Cependant aucun ne s'est plaint de l'un ni de l'autre marché; d'où il faut conclure que le propriétaire, comme le cultivateur, y trouve un avantage réciproque.

Je crois avoir démontré tous les avantages de la culture du murier greffé, quant à la cueillette de la feuille et à l'abondance de son produit. Maintenant si nous comparons sa durée avec celle du sauvageon, tout invite à croire, comme je l'ai dit, d'après le grand livre de la nature (l'observation), et d'après l'avis des auteurs, que le murier sauvageon dure plus long-temps que le greffé; par la raison, suivant M. l'abbé *Rozier*, que ce dernier ayant une végétation plus active, elle se fait aux dépens de la durée de l'arbre, parce que le premier est dans son état de nature, et que le second est contrarié par l'art.

Pour déterminer, avec une justesse arithmétique, le véritable terme de la différence qui se trouve entre la durée des arbres de

l'une et de l'autre espèce, il faudrait une suite
et une précision d'expériences à laquelle la
vie la plus longue et l'application la plus soi-
gnée ne suffiraient peut-être pas. C'est véri-
tablement ici le cas de juger par les choses
connues, de celles qui se dérobent dans l'obs-
curité, et de se déterminer par les expériences déjà faites, en attendant que des
épreuves plus suivies nous aient acquis de
plus grandes lumières ; voici à cet égard mes
observations. Avant que la culture du murier
eût fait les progrès qui nous l'ont rendue si
productive, on ne plantait presque que des
sauvageons ; cependant la plupart de ceux
que nous voyons ne remontent guères au-delà
de 5o à 6o ans, et ne paraissent pas devoir
pousser leur durée bien loin (je parle ici en
général). Si du général je viens au particulier, je dirai qu'ayant trouvé, dans les
possessions dont j'ai hérité de mon père, des
plantations assez considérables pour élever
environ 1o onces de graine de vers-à-soie,
je remarquai que tous les arbres étaient naturels, à l'exception de 4o à 5o pieds qui étaient
greffés. J'ai lieu de croire que les plantations
de mon père n'avaient pas au-delà de 4o ans,
lors de son décès, et j'ai la certitude que les
4o à 5o pieds greffés avaient été plantés en
1732. J'ai vu successivement périr au moins
la moitié des muriers naturels, et je conserve
encore les trois quarts des greffés qui ont
actuellement 58 ans d'existence, et qui an-
noncent encore de la vigueur et une durée de

15 à 20 ans. Ils ont pourtant été cultivés avec un soin égal ; mais je dois convenir que le sol dans lequel ils furent placés, se trouve d'assez bonne qualité : aussi n'ai-je rien à regretter du côté de leur produit ; la plupart de ces arbres rapportent 3, 4 et jusqu'à 5 sacs de feuille, (le sac est communément de 60 livres). Je n'ai pas trouvé un égal revenu dans ceux qui n'ont pas été améliorés par la greffe.

On voit donc combien il est plus avantageux de cultiver le murier greffé, puisqu'en admettant même de la part du murier naturel une plus longue durée, on jouit autant dans 30 ans, en cultivant le premier, que dans 50, en cultivant le sauvageon, soit par la plus grande quantité de feuilles qu'il produit, soit par l'économie à peu près de la moitié dans les frais de cueillette et dans ceux de la taille.

Ces avantages sont d'autant plus précieux que l'on s'aperçoit tous les jours sensiblement de l'augmentation du prix des journées, soit par la hausse du prix des denrées, soit par la désertion des campagnes, qui les prive des bras nécessaires à leur culture. Ainsi en admettant, par exemple, deux communautés, dont l'une aurait toutes ses plantations en muriers greffés, et l'autre en muriers sauvageons, l'on peut dire avec certitude que la première, en employant 1000 journées pour cueillir la feuille, récoltera autant de cocons que la seconde qui en employera 1800 ou 2000,

2000, en supposant d'ailleurs toutes choses
égales.

Et ces considérations paraîtront bien plus
pressantes encore, si l'on veut bien faire attention au temps dans lequel l'éducation des vers-
à-soie absorde les momens du cultivateur. Ce
sont ordinairement les mois de mai et de juin
qui y sont consacrés ; et ce n'est qu'avec dou-
leur que je vois alors les fermiers suspendre
des travaux précieux pour se livrer entièrement à la cueillette des feuilles. Eh ! combien
cet inconvénient ne serait-il pas plus sensible,
si l'on ne cultivait que des muriers naturels,
qui exigent la moitié ou au moins le tiers
plus de temps pour une moindre dépouille ?
On dira peut-être qu'il faut diminuer les plantations de muriers, si elles doivent prendre
sur des objets de première nécessité. Je n'exa-
minerai pas ici cette question ; j'observe seulement que le remède serait peut-être alors
pire que le mal, puisqu'on sait assez que
dans nos provinces, la récolte des cocons est
la première de toutes les productions, celle
qui dédommage le plus promptement le cultivateur comme le propriétaire, de leurs
avances et de leurs soins, d'ailleurs si peu
proportionnés au rapport réel de nos terres (1).

_____

(1) Ces considérations sur la préférence que mérite la
culture du murier greffé, à ne considérer même que
l'économie des bras, étaient déjà bien sensibles lorsque ce Mémoire a été rédigé en 1790. Mais combien
ne sont-elles pas devenues plus puissantes aujourd'hui

D

On pourra dire aussi que, s'il est plus avantageux de cultiver en général le murier greffé, ce parti ne doit pas être suivi en particulier, le propriétaire étant dédommagé de sa non jouissance par la durée plus longue des muriers naturels, et par l'espérance que ses enfans achèveront de recueillir le fruit de ses travaux.

Cette objection, qui paraît d'abord spécieuse, doit céder à des observations plus puissantes. Sans doute un père trouve autant de jouissance à travailler pour ses enfans que pour lui; mais le père le plus tendre est souvent pressé par le besoin et par la nécessité de jouir; et malheureusement c'est ce qui ne se rencontre que trop en agriculture, où toute la sévérité de l'économie va rarement de pair avec l'excessivité des avances et la parcimonie des produits. Ces maux sont l'éternel apanage de la nature ; ce serait une illusion que de prétendre en garantir les générations qui doivent nous succéder.

D'ailleurs l'expérience prouve assez que la différence entre la durée des muriers greffés et celle des muriers naturels, n'est pas si excessive, puisqu'il est certain qu'une plan-

---

que les circonstances ont enlevé à l'agriculture une partie de la génération présente, dont une portion a été moissonnée, ou par le fer de l'ennemi, ou par les maux inséparables du fléau de la guerre? aussi le prix des journées de travail est presque doublé depuis 25 ans : il est donc bien important de les diminuer autant que possible, et l'on remplit ce but en cultivant le murier greffé de préférence au murier sauvageon.

tation de muriers greffés, conduite avec tous
les soins convenables, peut absorber au
moins deux ou trois générations; et c'est à
peu près tout ce que l'on peut attendre d'une
pareille plantation en muriers sauvageons.
Par les lois immuables de la nature, tout
tend au dépérissement; réparer nos pertes,
varier nos jouissances par de fréquentes re-
productions, voilà les seules digues qui peuvent contenir le torrent et nous préparer de
nouvelles douceurs sur des rives plus agréa-
bles. La rapidité avec laquelle nous voyons
disparaître les muriers de l'une et de l'autre
espèce, a sans doute des causes : nous aurons
occasion de les traiter sommairement.

Il me semble cependant que nous pouvons
maintenant conclure de ce qui vient d'être
dit, qu'il est plus avantageux de cultiver le
murier greffé que le sauvageon, relativement
à la végétation et à la durée de l'arbre; ce
qui embrasse la première partie du Programme. Examinons maintenant la seconde
partie, qui se rapporte à la vie, à la santé,
à la vigueur des vers-à-soie dans leurs différentes mues.

CHAPITRE V.

Expériences et observations sur la seconde
Question du Programme.

L'OBSERVATION et l'expérience peuvent seules
résoudre cette question ainsi que la troisième;

aussi l'Académie, en publiant son Programme
trois années d'avance, a-t-elle eu soin de pres-
crire celles qui lui ont paru les plus propres
à fixer les idées. C'est la sagesse même qui
a semblé nous y inviter : efforçons-nous donc
d'y répondre.

Dès le mois d'avril 1787, avant la publica-
tion du Programme, qui n'a été promulgué
qu'à la fin de la même année, et n'ayant
d'autre objet que ma propre instruction, j'avais,
ce semble, devancé le vœu de l'Académie.

J'avais fait venir une once de graine de
vers-à-soie de Béziers; cette once fut divisée
en deux parties, et égalisée très-scrupuleuse-
ment. Je les fis éclore séparément dans le
même lieu, et au thermomètre. Dès la nais-
sance des vers-à-soie jusqu'à la formation des
cocons, chaque partie fut servie régulière-
ment, l'une de la feuille de murier sauvageon,
et l'autre avec de la feuille de murier greffé.
Le succès de chaque partie fut à peu près le
même dans leur différente gradation : le nombre des tables à la fraise fut parfaitement
égal; quant au produit, il fut de 37 livres
et 12 onces pour la partie nourrie avec des
sauvageons, et de 37 livres pour celle nourrie
avec de la feuille de muriers greffés; la qualité des cocons fut également bonne; 198
cocons de la première partie faisaient la livre;
il en entrait 200 de la seconde. La soie, tirée
séparément, offrit un produit, sans avoir passé
par le four, de 9 onces par 6 livres de cocons
de chaque espèce; le poids de 9 onces tirées

des 6 livres de la première partie, parut néanmoins un peu plus fort; l'une et l'autre examinées, au reste, par des gens de l'art, furent trouvées d'une qualité parfaitement égale.

En 1788, j'ai continué la même expérience, avec l'intérêt qu'a dû inspirer le désir d'atteindre au but intéressant que le Programme propose : voici donc mon journal.

Le 22 avril 1788, à midi, j'ai mis éclore au thermomètre une once de graine de vers-à-soie, pesée très-exactement, et séparée en deux parties égales.

La chaleur du thermomètre fut d'abord portée au 16.ᵉ degré : elle n'a pas été poussée au-delà du 24.ᵉ degré, par gradations successives.

Le 2 mai, dans la matinée, l'éclosion de l'une et de l'autre partie a été complète, et depuis ce moment j'ai commencé à faire distribuer de la feuille de muriers greffés aux vers provenus de la première partie, et de la feuille de muriers sauvageons à ceux provenus de l'autre demi-once.

Le 5 mai, les vers ont commencé à dormir de la premier mue.

Le 7, on a donné deux fois aux vers sur la litière, avant de les lever.

Le 8, on a levé les vers de la première mue, et je n'ai remarqué aucune différence dans les vers, qui sont tous également beaux.

Le jeudi 17, les vers ont été levés de la seconde mue, sans que j'aie aperçu aucune différence dans ceux des deux demi-onces.

Le vendredi 23, les vers ont été levés de la troisième mue, où ils étaient restés un jour de plus qu'aux précédentes, ce que j'attribue au vent du nord, qui a régné pendant ce temps, et au peu de chaleur qu'ont eu les vers, le thermomètre n'ayant pas été poussé au-delà des 17.ᵉ et 18.ᵉ degrés, et souvent moins, par la difficulté de pouvoir réchauffer l'appartement.

Du reste, à cette troisième mue, les vers sont tous également beaux, n'en ayant trouvé de mauvais ni de part ni d'autre.

Mardi 27, les vers commencent à dormir de la quatrième mue. Les vers de chaque demi-once occupent trois tables, ayant chacune 5 pieds et demi de longueur sur 4 de largeur : chaque partie paraît également garnie.

Samedi 31 mai, les vers ont été levés de leur quatrième mue.

Samedi 7 juin, on a mis les vers-à-soie dans la bruyère. Chaque demi-once occupe 5 tables médiocrement garnies en vers, c'est-à-dire, ni trop drus, ni trop clairs.

Le 9, on a retiré de la bruyère le reste des vers qui n'avaient pas monté, et le 10, on les a étouffés, toujours séparément.

Nota. A la quatrième mue et à la montée, il a paru dans les deux parties quelques jaunes (ou vers gras), mais en très-petite quantité.

~~~~~~~~

OBSERVATIONS.

JE ne me suis point aperçu, dans le cours des mues ni à la montée, d'une plus grande vigueur dans les vers de l'une ou de l'autre partie : ceux nourris avec de la feuille greffée ont constamment paru, depuis la troisième mue, un peu plus gros et plus durs que les autres. Il m'a paru, en général, et la remarque en a été faite par plusieurs personnes, que cette année les vers n'ont pas acquis toute leur grosseur ordinaire. Il y a lieu de croire que la feuille étant déjà avancée lors de l'éclosion, elle a été toujours trop au-dessus de la consistance des vers : aussi leur litière n'était-elle qu'à demi rongée.

Le 7 juin, la montée est arrivée dans le temps le plus défavorable : le vent du midi, la pluie et le tonnerre se sont succédés pendant plus de deux jours ; ce qui opère toujours un dérangement dans le travail des vers : le préjudice cependant n'a pas été bien considérable.

Le 17 juin, j'ai levé les cocons provenus des deux demi-onces. Celle qui a été nourrie avec de la feuille greffée a produit 38 livres 12 onces ; celle qui a été nourrie avec de la feuille naturelle a donné 39 livres 8 onces ; c'est-à-dire que cette dernière partie a produit 12 onces de plus sur demi-once de graine.

J'ai pris indistinctement et sans aucun choix une livre de cocons de chaque partie, et j'ai trouvé, comme l'année précédente, que la livre de la première partie contenoit 200 cocons, et celle de la seconde 198 seulement. Toute ma récolte a été livrée au marchand, en parties également séparées ; et quoiqu'il soit des plus expérimentés en ce genre, il n'a pu faire, entre ces différentes parties, aucune distinction quant à la qualité des cocons, dont le grain lui a paru d'une égale finesse, ainsi qu'à plusieurs autres personnes que j'avais d'abord consultées. Prenant ensuite douze livres de cocons de chaque partie, l'une nourrie avec de la feuille greffée, et l'autre avec de la feuille naturelle, la soie en a été tirée séparément et sans avoir passé au four. Les douze livres de la première partie ont produit une livre une once de soie, et les douze livres de la seconde partie, une livre une once et quart. Ainsi le produit de la partie nourrie avec des sauvageons n'est que d'un quart d'once de soie de plus sur douze livres de cocons.

La soie provenue des deux parties comparées l'une à l'autre, a paru parfaitement égale en finesse, en force et

en lustre, non-seulement à mon marchand, mais à plusieurs autres filateurs que j'ai consultés ; ayant eu soin
de leur cacher mes motifs, et de ne les faire connoître
qu'après qu'ils s'étaient expliqués. Les différens avis se
sont parfaitement réunis à cet égard.

Les résultats de ces deux expériences sont donc égaux.
Ils prouvent que toute la différence se réduirait, en
faveur du murier naturel, à un excédant de produit si
mince qu'il ne serait de nulle considération, eu égard
aux autres avantages qu'offre la culture du murier greffé
et que rien ne peut d'ailleurs balancer.

Au reste, le temps, les circonstances, les soins minu-
tieux qu'auraient exigés de plus amples essais, ne m'ont
pas permis de les suivre dans un plus grand détail ; il
ne m'a pas même été possible de répéter en 1789 ce
que j'avais fait en 1787 et 1788. Je crois pourtant utile
de dire un mot de mes procédés en 1789 : ils peuvent
tenir lieu d'une expérience en grand.

CHAPITRE VI.

*Suite des expériences et observations sur
plusieurs éducations de vers, nourris, les
uns avec de la feuille greffée, les autres
avec des sauvageons, en l'année 1789.*

JE divisai environ 15 onces de graine nécessaires à la consommation de ma feuille, entre
quatre particuliers, qui les éduquèrent séparément.

Je désignai au premier des muriers greffés
suffisans pour trois onces de graine, ayant
environ 15 ans de plantation.

Un second eut dans son lot presque tous
muriers sauvageons.

Les deux autres eurent dans le leur à peu
près moitié de l'une et de l'autre espèce de
feuille.

Le succès a été tel chez le particulier qui a éduqué 3 onces de graine avec de la feuille de murier greffé, que 26 tables de vers-à-soie, ayant chacune 6 pieds de longueur sur 4 de largeur, tenus, à dire vrai, assez épais, ont produit 266 livres de cocons de belle et bonne qualité. Un des particuliers ayant éduqué ses vers moitié environ avec de la feuille de sauvageon et moitié avec de la feuille greffée, a eu un succès à-peu-près égal au premier : deux onces de graine ont produit 170 livres de cocons.

Les deux autres éducations, dont l'une a été nourrie presque toute avec de la feuille naturelle, et l'autre avec moitié environ de celle-ci, et moitié avec de la feuille greffée, ont moins bien réussi que les deux premières ; 10 onces de graine n'ont donné que 560 livres de cocons ; mais on voit aussi que ces deux dernières éducations étaient plus considérables que les deux premières ; et l'expérience prouve qu'à mesure qu'une éducation est plus forte, le succès est toujours moindre.

J'ai pesé des cocons de ces quatre éducations ; celle dont les vers avaient été nourris avec de la feuille greffée, ne différait qu'en ce que la livre emportait quatre cocons de plus que celle nourrie avec la feuille naturelle pure ; les trois autres ne différaient entr'elles que de deux cocons de plus ou de moins par livre ; les moins pesans n'ont emporté que 199 cocons.

Ayant fait tirer six livres de cocons de chacune des 4 nourritures, avant d'avoir été fournoyés, chaque partie de 6 livres a rendu 9 onces moins 2 tarnaux de soie; le poids était plus ou moins fort, mais la différence était peu sensible. Enfin, la soie provenue de ces quatre différentes éducations a été jugée, par nombre de filateurs, entièrement égale en *finesse*, en *force* et en *lustre*.

Ces expériences prouvent, ce me semble, que le succès des vers éduqués avec de la feuille de muriers greffés, a toujours été égal à celui des vers éduqués avec des feilles de sauvageons, ou partie de sauvageons et partie de greffés, et que les cocons provenus de ces diverses éducations, ont toujours rendu à peu près la même quantité de soie, et surtout, enfin, de la même qualité. Ce sont des faits sur la vérité desquels l'on peut compter, et dont il me serait très-facile de donner des preuves non équivoques, par le témoignage des marchands à qui j'ai livré mes récoltes.

Mais je me propose de répéter, en 1790, ces diverses expériences avec toute l'attention possible, et d'en offrir le résultat par un appendice auquel je pourrai joindre des échantillons des différentes soies, afin que l'Académie puisse se décider en pleine connaissance de cause.

L'Académie aura pour tous ces faibles essais tel égard qu'elle trouvera bon. Je m'estimerai heureux si j'ai réussi à répandre quelques lumières sur une matière aussi importante dans nos provinces méridionales (1).

CHAPITRE VII.

Observations générales sur les causes qui concourent à procurer de la soie supérieure, soit que les plantations en Muriers soient formées avec des arbres greffés ou avec des sauvageons ; et qui répondent à la dernière partie du Programme ; relativement à la qualité, à la force, à la finesse et à la quantité des soies.

LES auteurs, en général, qui ont prôné les avantages du murier sauvageon, quant à la qualité de la soie qu'il produit, n'ont pas assez fait d'attention à une vérité constante ; c'est que cette qualité tient bien plus au sol

(1) Depuis que ce Mémoire est composé, j'ai plus que doublé, par mes plantations en muriers greffés, le produit de mes récoltes en cocons, et ma soie est aussi belle, et mes vers-à-soie réussissent aussi bien que ceux des agriculteurs qui éduquent les leurs avec des muriers sauvageons : j'atteste à cet égard le témoignage de mes voisins et des négocians auxquels je livre ordinairement mes récoltes de soie. Non-seulement mes muriers à plein vent sont greffés, mais j'ai fait des plantations en haie pour les premiers âges des vers-à-soie, que j'ai aussi greffées et je crois utile de faire connaître cette méthode avantageuse de plantation.

Elle consiste à planter des champs entiers en haie de muriers, comme l'on plante des champs en vigne à sillons, en observant d'éloigner les muriers dans la ligne

et au climat dans lequel végète l'arbre nour-
ricier des vers, qu'à l'espèce de murier sauvageon ou greffé. Le profond abbé *Rozier*
n'a pas laissé échapper cette distinction élé-
mentaire dans son septième volume du Diction-
naire d'agriculture, article *Murier*, page 54.

· « Il en est, dit-il, de la qualité de la soie,
» comme de celle des laines, etc.; elles tien-

───────────────────

d'un mètre et demi à deux mètres, et chaque ligne de
5, 6 ou 8 mètres de l'une à l'autre.

Pour former ces sortes de plantations, on peut planter
ou de la pourette de murier ou des débris de pépinières :
on ouvre un fossé d'un mètre et demi de largeur , sur
deux tiers de mètre de profondeur , en ayant soin de
n'enterrer le murier qu'à 12 ou 15 pouces de profondeur.
Il ne faut donner qu'une hauteur de deux tiers de mètre
au pied de chaque murier , et disposer les branches le
plus en espalier possible, dans l'objet que la charrue
puisse faire la plus grande partie de la culture entre les
deux lignes ; il ne restera alors qu'un demi-mètre à
cultiver à la main , le long de chaque ligne.

On pourra semer quelques grains dans le sillon qui
est entre les deux lignes, en laissant un sillon alterna-
tivement en culture qui servira pour cueillir la feuille ,
tailler les muriers sans endommager le sillon ensemencé ,
etc. Ces plantations fournissent une feuille plus précoce
de 10 à 12 jours que celle des muriers à plein vent,
auxquels on n'a alors recours que lorsque la feuille a acquis
presque son entier accroissement : c'est avec des plantations de ce genre que je conduis 32 onces de vers-à-soie
jusqu'après la troisième mue, avant de toucher à mes
muriers à plein vent.

On doit défendre le champ ainsi planté de l'approche
des moutons par une haie morte, encore mieux par une
haie vive.

De plus grands détails passeraient les bornes d'une
note.

» nent au climat, au sol, et à l'espèce qui se
» plaît plus dans un lieu que dans un autre.
» On sent combien cette vérité fondamentale
» offre de modifications, de divisions, de
» sous-divisions à l'infini. Les brebis espa-
» gnoles à laine fine donneront-elles de sembla-
» ble laine transportées en Flandre, *et vice
» versâ ?* Les raisins de Malaga et de Madère
» donneront-ils la même qualité de vins,
» transportés en Hongrie ou en Provence ?
» Ainsi du reste. Enfin, les plus belles soies
» d'Espagne et de France seront-elles jamais
» comparables à celles de Chine et de Perse ? »

M. l'abbé *Rozier* était donc convaincu, et
l'expérience le justifie tous les jours, que ce
n'est proprement pas l'espèce de murier qui
décide de la qualité de la soie, mais une
foule d'autres circonstances qui y concourent
également ; et cet auteur est d'accord à cet
égard avec quelques autres et notamment
avec M. *Buffel.*

Pour rendre leur opinion sensible, faisons
une supposition : admettons, par exemple,
une plantation de muriers greffés faite dans
un sol léger, mais substantiel, naturellement sec ; ou dans un sol rocailleux, pier-
reux, et qui ait néanmoins du fond ; ou bien
sur un rocher calcaire, dans les scissures duquel les racines des arbres pourraient péné-
trer. Une telle plantation fournira infaillible-
ment une feuille moins abondante en sucs
hétérogènes, moins noyée d'eau ; ses principes seront mieux assimilés, et ses parties
nutritives plus élaborées.

Supposons maintenant une plantation **en**
muriers sauvageons, faite dans un sol qui
ait un grand fond de terre végétale, propre
à produire abondamment du blé ou du chan-
vre, qui soit dans des bas-fonds, près de
quelques fleuves ou rivières, ou dans des
prairies. Une telle plantation donnera nécessairement des feuilles qui seront plus larges
qu'elles ne le sont ordinairement ; elles seront, surtout, plus épaisses et plus aqueuses;
les vers trouveront une ample nourriture,
mais une nourriture plus grossière ; et,
toutes circonstances égales d'ailleurs, la soie
qu'auront produite les vers nourris avec des
muriers greffés, tels que nous les avons déjà
supposés, sera, à coup sûr, d'une plus belle
qualité et d'un plus grand prix que celle des
vers nourris avec les muriers sauvageons de la
seconde hypothèse.

Appliquons ce principe : je ne connois que
très-imparfaitement les environs de Valence ;
mais certainement la même espèce de murier,
cultivée dans les terrains graveleux du quar-
tier du Valentin, dans celui des environs du
grand chemin de Lyon, jusques et très-près
de l'Isère, ainsi que dans les terrains graveleux et secs du côté de Portes, donneront
une soie d'une qualité supérieure à celle des
muriers cultivés dans les bas-fonds le long
du Rhône, dont le sol est bien plus gras, et
dont les feuilles sont plus exposées aux rosées
et aux humidités que les eaux y occasionnent.
C'est par la même cause sans doute que,

dans les années pluvieuses, la soie est généralement d'une qualité moindre, toutes circonstances égales d'ailleurs, parce que la
feuille étant trop imbibée d'eau de végétation,
ses sucs sont mal élaborés : de là aussi les
maladies qui ne manquent pas de se mani-
fester alors.

Si de la théorie nous venons à la pratique
et à l'expérience, nous verrons qu'il est beaucoup de pays qui fournissent des soies d'une
qualité supérieure, quoiqu'il soit bien certain
que le murier greffé y est presque le seul
cultivé. Telles sont, d'après M. *Buffel*, les
soies que l'on récolte dans presque tout le
Vivarais, particulièrement à *Aubenas*, *l'Ar-
gentière*, *Joyeuse*, et leurs banlieues; dans
les Cévennes, aux diocèses de *Viviers*, *d'Uzès*,
d'Alais, etc.

L'on doit, ce me semble, une grande
confiance à ce qu'avance M. *Buffel*, puisque
ses connoissances en ce genre lui avaient pro-
curé l'inspection des manufactures du Languedoc; et lorsqu'il a écrit sur la culture du
murier, il était d'un âge très-avancé et avait
plus de 5o années d'expérience.

S'il m'est permis de parler personnellement
après cet auteur, je dirai qu'ayant parcouru
une grande partie du Languedoc, du Vivarais,
des Cévennes et de la Provence, j'ai presque
vu partout des muriers greffés. Cependant les
soies qui s'y recueillent, vont de pair avec
celles du Piémont. La superbe plantation de
muriers nains de M. *Payan*, à Aubenas, en

Vivarais, dont parle M. *Faujas* dans son
histoire naturelle du Dauphiné, page 74, est
toute en muriers greffés, et il en est ainsi
de toutes celles des principaux cultivateurs
d'Aubenas.

Le Dauphiné fournit aussi, dans plusieurs
cantons, des soies d'une belle qualité, quoique la culture du murier greffé s'y soit pro-
pagée considérablement, depuis 25 à 30 ans;
et c'est encore ce que l'expérience m'a confirmé
dans plusieurs occasions : souvent j'ai mis en
vente des pépinières de muriers ; j'ai toujours
reconnu que le débit des greffés était facile
et avantageux; ils ont constamment une préférence sensible sur les autres, et les ache-
teurs ne manquent jamais d'y attacher un
plus haut prix (1).

Plusieurs auteurs dont il faut respecter le
témoignage, assurent encore que les soies
d'Italie proviennent également de vers édu-

(1) Depuis la rédaction de ce Mémoire j'ai presque
toujours eu des pépinières de muriers en vente, et ce
n'est que lorsqu'ils ont été greffés qu'ils ont été re-
cherchés.

Enfin, dans les Programmes publiés par la Société
royale d'Agriculture de Paris en 1805 et en 1807, pour
l'encouragement des plantations de muriers à plein vent
et pour l'établissement des pépinières de cet arbre précieux, et qui ont fait le sujet des prix qu'elle m'a ac-
cordés, elle exigeait que les muriers plantés à plein vent
ou en pépinière fussent tous greffés ; preuve certaine
que cette Société distinguée, à laquelle je m'honore d'ap-
partenir depuis près de trente ans, a reconnu que la
culture du murier greffé est préférable à celle du murier
sauvageon.

qués

qués avec des muriers greffés ; elles sont pourtant d'un qualité supérieure et reconnue telle. Enfin, dans une des provinces d'Espagne (le royaume de Grenade) l'on ne cultive que le gros murier à fruit noir, tandis que dans le royaume d'Aragon le murier rose sauvageon est presque seul en usage. Dans nos climats la pratique veut que, pour propager seulement le murier à gros fruit noir ; l'opération de la greffe soit réitérée sur un même sujet ; dans le royaume de Grenade peut-être suffit-il d'une seule greffe, mais elle est indispensable, et cependant les plus belles soies d'Espagne sont, sans contredit, celles du royaume de Grenade.

Mais si le sol et le climat influent singulièrement sur la qualité des soies, la manière de la tirer y joue un très-grand rôle. On sait en effet que M. *Didier*, d'Aubenas en Vivarais, dans la manufacture royale qu'il avait établie, était parvenu, à l'aide des tours de M. *de Vaucanson*, à préparer de la soie qui pouvait le disputer en beauté avec celles du Piémont ; ce qui lui avait mérité les faveurs du gouvernement. Or, il est de fait que les cocons employés par M. *Didier*, étaient tous récoltés en Vivarais, et dans les cantons où le murier greffé est presque le seul cultivé. L'on peut donc conclure avec assurance que la greffe ne saurait altérer ni dégrader nos soies, quant à leur qualité ; et c'est le point capital que je me suis proposé d'éclaircir dans ce Mémoire.

E

CHAPITRE VIII.

*Vues générales sur les causes du dépérisse-
ment des Muriers, et sur les moyens d'y
remédier.*

LES détails que j'ai cru devoir présenter, les
auteurs dont j'ai annoncé l'opinion, et les
expériences personnelles que j'ai rapportées,
convaincront peut-être que, sous tous les rapports, il est plus avantageux de cultiver le
murier greffé que le sauvageon, soit que l'on
considère, 1.º la végétation et la durée de
l'arbre ; 2.º la vie, la santé, la vigueur des
vers dans leurs différentes mues ; et 3.º la
quantité, la force et la finesse de la soie.

Mais je ne croirais avoir rempli ma tâche
qu'à demi, si, après avoir démontré l'utilité
de la greffe, je ne proposais quelques vues
sur les moyens principaux de remédier au trop
prompt dépérissement des arbres des deux
espèces.

Les auteurs qui ont écrit contre la culture
du murier greffé, se sont réduits à deux points
principaux ; 1.º sa durée moindre que celle
du sauvageon ; 2.º la qualité de soie supérieure
que produit celui-ci : j'ai répondu à cette
dernière supposition. Quant à la première,
je dis que nous voyons de nos jours, à peu
de chose près, la durée des muriers sauvageons aussi courte que celle des greffés.

Veut-on prolonger la vie des uns et des

autres? il faut les conduire avec plus de pré-
cautions que ne le fait le commun des cultivateurs. Et d'abord la taille, que la plupart
des cultivateurs donnent indifféremment dans
tous les temps, mais plus particulièrement
pendant les mois de mai, juin et juillet, me
paraît très-pernicieuse; je voudrais qu'elle
ne fût usitée qu'après la chûte des feuilles,
dès la fin d'octobre et jusqu'à la mi-décembre;
et ensuite, après la rigueur de l'hiver, pendant le mois de février et jusqu'à la mi-mars.
Alors il n'y a point de versement de sève;
du moins elle ne pourrait être qu'en petite
quantité, et l'arbre ne serait point épuisé par
une opération qui ne lui est nécessaire que
pour ôter le bois mort, les branches cassées
et celles où l'on ne peut atteindre que difficilement; mais qui devient infiniment nuisible,
lorsqu'elle sort de ses justes bornes. Il ne
faut donc pas faire de la taille, un objet de
luxe et de fantaisie, comme le font certains
agriculteurs; puisque ce luxe immodéré est
une des principales causes du dépérissement
des arbres (1).

_____

(1) Je continue, depuis plus de 25 ans, de ne tailler
mes mûriers que dans les temps indiqués ici; et je ne
puis que m'en applaudir; j'ai éprouvé que le temps le
plus rigoureux et très-voisin du gel ne nuisait point à
cette opération, c'est-à-dire que l'arbre n'était point en-
dommagé de la taille faite en automne ou en hiver,
pourvu qu'il y eût 24 heures d'intervalle entre la plaie
faite par la taille et la gelée, quelque rigoureuse qu'elle
soit. Je puis citer entr'autres les hivers de 1789 et 1796,
etc. Bien des agriculteurs ont adopté cette méthode et
en sont satisfaits.

2.º En préférant la culture du murier greffé, j'exige que le pied soit sauvageon et greffé en pépinière à la 3.ᵉ ou 4.ᵉ année, sur des branches, au haut du pied. Par ce moyen le tronc reste sauvageon, c'est-à-dire, dans son état de nature, et il peut ainsi conserver une partie de ses avantages; tandis qu'en suivant la maxime de beaucoup de cultivateurs, le pied est formé par la greffe, et perd ainsi sa densité naturelle.

3.º Et c'est ici l'essentiel, il faudrait donner du repos aux muriers et disposer ses plantations de manière à n'en cueillir que les deux tiers, ou les trois quarts, chaque année. Cette méthode de conduire nos plantations leur assurerait probablement une bien plus longue existence. C'est au moins l'avis des auteurs les plus estimés. Il suffira de renvoyer à ce sujet aux écrits de M. *l'abbé de Sauvages*, pag. 87 et 88, de feu M. *Rigaud-de-l'Isle*, 2.ᵉ édition, pag. 40, et surtout d'*Olivier de Serres*, livre V, pag. 466 et suivantes.

Je ne doute donc pas, d'après des autorités aussi respectables, que si nous conduisions nos plantations de la manière que ces auteurs indiquent, nous ne parvinssions à leur assurer une bien plus longue existence, soit qu'elles fussent en muriers greffés, soit qu'elles fussent en muriers sauvageons (1).

---

(1) J'ai plusieurs fois conduit ainsi mes plantations, et je n'aurais eu qu'à m'en féliciter, si dans le pays que j'habite (à ma campagne près Crest, département de

Si cette méthode n'est pas entièrement suivie,
c'est sans doute par l'effet du désir naturel
de jouir, sans cesse aiguillonné par l'impé-
rieuse nécessité; et la nécessité, comme la
fortune, ne marche que trop ordinairement à
l'ombre du fatal bandeau : c'est aux leçons
des sages, c'est à l'expérience, à ouvrir les
yeux du cultivateur en l'éclairant sur ses
véritables intérêts.

---

la **Drôme**), les propriétés étaient un peu plus res-
pectées; mais souvent les muriers que j'ai laissé reposer
et sans les cueillir, l'étaient par les voleurs, qui y appor-
taient peu de soins, comme on le suppose bien ; de telle
sorte que mes arbres étaient plus endommagés que si
je les avais fait cueillir moi-même pour profiter de la
feuille, et mon objet n'était point rempli.

La perfection du Code Rural pourra remédier à cet
abus et à bien d'autres de cette espèce, qui s'opposent
sans cesse au zèle de l'homme qui s'occupe par goût ou
par état des travaux agricoles ; car ce n'est pas seulement
dans le pays que j'habite que les propriétés sont peu res-
pectées. Combien nous sommes loin d'imiter la sagesse
des Romains ! on sait que la propriété était si sacrée
chez eux, qu'ils regardaient comme un mauvais citoyen
et punissaient du supplice de la croix celui qui coupait la
moisson d'autrui ou dérangeait la borne d'un champ.

Au surplus, malgré ce que je dis ici sur les moyens
présumés de prolonger la durée de nos plantations de
muriers, il est à désirer que les agriculteurs qui s'occupent avec soin de la culture de cet arbre précieux, veuil-
lent aussi s'occuper des moyens de prévenir son trop
prompt dépérissement, en étudiant les divers élémens
des maladies auxquelles il est exposé.

Celles qui nuisent le plus à nos plantations de muriers,
sont d'autant plus fâcheuses, qu'une fatale expérience
prouve journellement que l'on ne peut replanter un
murier à la même place où il en est mort un autre;

CHAPITRE IX.

Résumé et conclusions.

Nous avons vu, dans les chapitres précédens, que le seul avantage du murier sauvageon se réduit à acquérir un volume un peu plus considérable et une durée plus longue que le murier greffé; mais que la taille est bien

inconvénient qui ne se rencontre pas à l'égard de beaucoup d'autres arbres, notamment le noyer.

M. l'abbé *Rozier*, qui a aussi été frappé du dépérissement des muriers, et qui a cherché les moyens de l'arrêter, s'exprime ainsi :

« Les irrigations, les engrais sont des palliatifs au » mal ; le vrai remède est de détruire un arbre entre » deux. » 7.e *Volume du Cours d'Agriculture, article* Murier, *page* 3.

Il serait digne du zèle d'une Société d'Agriculture de faire le sujet d'un prix de ces questions :

Quelles sont les causes du trop prompt dépérissement des plantations de muriers?

Quels sont les moyens, fondés sur l'expérience et la théorie, d'y remédier?

Quelles sont les causes qui s'opposent à replanter avec succès un murier à la même place où il en est mort un autre?

Et quels sont les moyens de remédier à cet inconvénient?

S'il est fâcheux pour le grand propriétaire de ne pouvoir remplacer les muriers qui meurent dans une ligne, cet inconvénient est bien plus affligeant pour le propriétaire borné, qui n'a que deux, trois ou quatre hectares de terrain, tandis qu'un plus grand tenancier peut varier ses plantations et en établir de nouvelles dans les parties de ses propriétés où il n'y en a jamais eu.

moins coûteuse sur celui-ci que sur l'autre;
que l'abondance des feuilles du murier greffé
l'emporte de beaucoup sur le murier naturel;
que sa cueillette présente une économie du
double; que ces deux objets sont de la plus
grande conséquence, en raison du défaut de
bras et de l'augmentation du prix des journées;
que les vers éduqués avec de la feuille greffée
réussissent aussi bien que ceux nourris avec
de la feuille de sauvageons; et qu'il ne faut
pas perdre de vue qu'en admettant que le
murier greffé dure moins que le sauvageon,
on jouirait davantage dans 40 ans avec le
premier, que dans 60 ou 80 avec le second,
ainsi que l'ont judicieusement observé les
auteurs les plus accrédités; que la qualité de
la soie dépend bien moins de l'espèce de murier qui est cultivée, que du sol et du climat
dans lequel croissent ces arbres, ainsi que
l'on peut en juger par les diverses comparaisons que j'ai faites ou rapportées, d'après les
mêmes auteurs; et qu'enfin on doit moins
attribuer le peu de durée de nos plantations
aux effets de la greffe, qu'à la manière de
conduire les arbres, qui peut seule prévenir
leur rapide dépérissement : et ce sont ces
diverses considérations qui me déterminent à
proposer la culture du murier greffé comme
la plus utile et la plus profitable.

L'agriculteur praticien est peu propre à
rédiger ses idées (c'est mon cas), et je ne
me fais point d'illusion là-dessus. Le travail
des champs est bien différent de celui du

cabinet; si donc les lignes que mon zèle et mon amour pour un art que je chéris, m'ont fait tracer, sont dignes de fixer l'attention des juges respectables qui doivent prononcer, semblable au pilote qui, bravant la tempête, sort du port et y rentre sain et sauf, je m'estimerai plus heureux que prudent.

Si, au contraire, ma foible production ne peut être comparée à celles des émules qui auront pris la plume pour le même objet, je n'en respecterai pas moins l'opinion de mes juges; je n'en accuserai que moi-même, et prenant de nouvelles forces dans ma retraite, j'attendrai avec constance qu'une étude et une expérience plus longues encore dans l'économie rurale, me mettent à portée de saisir avec plus de fruit l'occasion de prouver à mes concitoyens combien j'ambitionne de pouvoir faire tourner à leur avantage ce que je pratique pour mon propre intérêt et ma propre satisfaction. Mes vœux seraient, surtout, comblés, si cette occasion m'est présentée par la savante association qui a occupé aujourd'hui mes momens, et dont je désire particulièrement obtenir le suffrage et l'estime.

EXTRAIT DES REGISTRES

DE

LA SOCIÉTÉ ACADÉMIQUE DE VALENCE,

Du 26 août 1790.

LA Société académique de Valence (département de la Drôme) a tenu une séance publique le 26 août 1790. M. *de Rozière*, capitaine au Corps Royal du génie, correspondant de l'Académie Royale des sciences de Paris, associé de diverses autres Académies, vice-secrétaire, en a fait l'ouverture, et a dit : La Société avait proposé, dans sa séance publique du 27 août 1787, un concours et un prix de 300 fr., relativement à une question importante donnée à résoudre, et dont voici la teneur. « Est-il utile » ou désavantageux de greffer le murier blanc, 1.º rela- » tivement à la végétation et à la durée de cet arbre ; » 2.º eu égard à la vie, à la santé et à la vigueur des » vers-à-soie dans leurs différentes mues ; 3.º par rap- » port à la quantité, à la qualité, à la force et à la » finesse de la soie ? »

La Société déclare que, quoiqu'elle ait donné près de trois ans pour faire ce travail, à cause des expériences exigées, elle n'a reçu qu'un seul mémoire ; en sorte qu'il n'y a point eu de concours : si elle a été trompée dans son attente à cet égard, elle convient que jamais les circons- tances ne furent plus défavorables ; car les Français étant depuis long-temps fortement occupés de la révolution du royaume, et de connoître les avantages qui doivent ré- sulter pour eux de sa nouvelle constitution, ils n'ont pas l'esprit assez libre pour se livrer à une étude réfléchie et suivie, absolument nécessaire pour produire des ouvrages qui traitent des sciences et des arts ; néanmoins la Société académique, après avoir ouï la lecture de l'ouvrage en- voyé au concours, ainsi que du rapport très-motivé qui

lui a été remis par les membres qu'elle a chargés de l'examiner, a jugé convenable d'accorder le prix à son
auteur.

M. *de Rozière* ayant cessé alors de parler, un des Commissaires a lu le rapport du Mémoire présenté, ainsi que
plusieurs fragmens très-remarquables de cet ouvrage. Ce
rapport fait voir qu'il est écrit avec clarté et méthode, bien
détaillé, d'un style simple et parfaitement à la portée
de toutes les classes de citoyens.

Il désigne sa division en neuf chapitres : le premier
traite de la culture du murier sauvageon ; le second de
ses inconvéniens ; le troisième des avantages du murier
greffé, et de ses désavantages ; le quatrième est une suite
du troisième, avec quelques expériences sur ce sujet ; le
cinquième et le sixième contiennent des expériences et
des observations indiquées dans le Programme ; le septième présente des observations générales sur les causes
qui concourent à procurer de la soie supérieure, soit que
les plantations soient formées avec des muriers greffés, ou
avec des sauvageons, ce qui amène les conséquences nécessaires sur la force, la finesse et la qualité des soies ; le
chapitre huit est en quelque sorte surabondant et hors
du Programme ; il offre des vues générales sur les causes
du dépérissement des muriers et sur les moyens d'y remédier ; enfin le chapitre neuf et dernier contient le
résumé de tout le Mémoire. Le rédacteur du rapport l'a
terminé en annonçant que les conclusions de l'auteur du
Mémoire présenté, ont paru aux Commissaires devoir
être admises dans toute leur étendue ; d'où il résulte que
la culture du murier greffé est sous tous les rapports la
plus utile et la plus convenable.

Après cette lecture, M. *de Rozière* a décacheté publique-
ment le billet annexé au Mémoire portant pour devise
celle-ci : *Ut varias usus meditando extunderet artes
Paulatim, et sulcis frumenti quæreret herbam,* mise aussi
en tête de cet ouvrage, dans lequel billet il a trouvé le
nom de M. *Duvaure*, membre de diverses Sociétés Royales d'Agriculture, associé de l'Académie de Grenoble et
de Valence. Ce vice-secrétaire a rappelé à ce sujet que la
Société académique lui avait décerné un prix de 300 fr.
en 1787, relativement à la solution d'une question d'a-

griculture; il a ajouté que cette Société engage l'auteur à rendre son ouvrage public le plus promptement qu'il sera possible , pour l'avantage des cultivateurs, et à y insérer les observations que plusieurs de ses membres ont cru devoir y joindre.

Je certifie cet extrait conforme à l'original , et au jugement de l'Académie de Valence.

Signé ROZIÈRE.

EXTRAIT DES REGISTRES

DE

LA SOCIÉTÉ D'AGRICULTURE DE PARIS,

Du 6 février 1792.

LA Société d'Agriculture nous a chargés de lui rendre compte, M. *de Villeneuve* et moi, d'un Mémoire sur les avantages ou les inconvéniens de la greffe du murier , par M. *Duvaure*, agriculteur-propriétaire à Crest , département de la Drôme, et correspondant de la Société.

Ce Mémoire ayant été fait pour répondre à une question proposée par la Société académique de Valence, nous croyons que, pour mettre la Société plus à portée de juger du travail de M. *Duvaure*, il est à propos de transcrire ici les termes mêmes du Programme.

« Est-il utile ou désavantageux de greffer le murier » blanc , 1.º relativement à la végétation et à la durée de » l'arbre; 2.º eu égard à la vie , à la santé et à la vigueur » des vers-à-soie dans leurs différentes mues; 3.º par » rapport à la quantité, à la qualité, à la force et à la » finesse de la soie? »

« Il est observé que dans le grand nombre d'expérien- » ces que l'Académie laisse au choix des auteurs , elle » exige les suivantes : On pesera scrupuleusement la

» même quantité de graine (ou œufs) de vers-à-soie;
» on la fera éclore au même degré de chaleur, et les
» vers qui éclôront seront élevés dans la même magno-
» nerie, sur deux tables séparées ; une de ces tables sera
» uniquement servie avec des feuilles provenues de mu-
» riers entés , et l'autre de feuilles de muriers sauva-
» geons. »

« L'observateur tiendra un journal exact de tout ce
» qui se passera sur les deux tables; il examinera soi-
» gneusement le plus ou le moins de vigueur des vers,
» les époques plus ou moins retardées des mues, la durée
» plus ou moins grande de chacune, le plus ou le moins
» d'activité que les vers montreront à la montée ; enfin,
» et c'est ici l'essentiel, il notera avec précision la quan-
» tité de cocons qu'il aura recueillis sur chaque table,
» leur pesanteur avant et après avoir été fournoyés. »

« Pour compléter ces expériences intéressantes , il
» prendra deux cocons d'égale grosseur, de chacune des
» deux tables ; il en comparera la soie, relativement à la
» finesse, à la force et au lustre de chaque brin, pris
» individuellement ; prenant ensuite plusieurs cocons de
» chaque espèce, il les fera filer séparément, en pre-
» nant un égal nombre de brins de la même table ; il
» comparera de nouveau la finesse, la force et le lustre
» de la soie provenue de cette filature. Ces observations
» faites avec soin, seront insérées par ordre et en détail,
» dans les Mémoires envoyés au concours. »

Pour remplir les conditions de ce Programme , M.
Duvaure a fait un travail très-étendu , divisé en neuf
chapitres, dont quatre sont relatifs à la première partie,
et les cinq autres à la solution de la seconde.

Dans le premier chapitre, l'auteur expose les avantages de la culture du murier sauvageon ;

Et dans le second ses inconvéniens.

Dans le troisième, il détaille les avantages de la culture du murier greffé et ses désavantages.

Le quatrième est formé du résultat des expériences de
l'auteur, pour prouver les avantages de la culture du
murier greffé.

Les chapitres cinq et six sont remplis par des détails
d'observations et d'expériences sur plusieurs éducations

de vers-à-soie, nourris les uns avec des feuilles de murier sauvageon, et les autres avec celles du murier greffé.

Dans le septième, M. *Duvaure* donne des observations
générales sur les causes qui concourent à procurer de la
soie supérieure, soit que les plantations en muriers soient
formées avec des arbres greffés ou avec des sauvageons, et
il le termine par l'exposé des expériences qu'il a faites
pour s'assurer de la qualité, de la force, de la finesse et
de la quantité des soies qu'il a obtenues des vers nourris
avec ces deux sortes de feuilles.

Le huitième renferme des vues générales sur les causes
du dépérissement des muriers, et sur les moyens d'y
remédier.

Dans le neuvième et dernier chapitre, M. *Duvaure*
donne le résumé de son travail, et ses conclusions. Nous
rapporterons en entier ce chapitre, parce qu'en même-
temps qu'il donnera à la Société une idée générale de
l'ouvrage, il la mettra à même de juger de son mérite.

« Nous avons vu (dit l'auteur) dans les chapitres
» précédens, que le seul avantage du murier sauvageon
» se réduit à acquérir un volume plus considérable et
» une durée plus longue que le murier greffé ; mais que
» la taille de celui-ci est bien moins coûteuse que celle de
» l'autre ; que l'abondance des feuilles du murier greffé
» l'emporte de beaucoup sur le murier naturel ; que sa
» cueillette présente une économie du double ; que ces
» deux objets sont de la plus grande conséquence, en raison
» du défaut de bras et de l'augmentation du prix des
» journées ; que les vers élevés avec de la feuille de
» murier greffé, réussissent aussi bien que ceux nourris
» avec de la feuille de murier sauvageon ; et qu'il ne faut
» pas perdre de vue qu'en admettant que les muriers
» greffés vivent moins long-temps que le sauvageon, on
» jouirait davantage dans 40 ans avec le premier, que
» dans 60 ou 80 avec le second ; ainsi que l'ont judicieu-
» sement observé les auteurs les plus accrédités ; que la
» qualité de la soie dépend bien moins de l'espèce de
» murier qui fournit la nourriture aux vers, que du sol et
» du climat dans lequel croissent ces arbres, ainsi que
» l'on a pu en juger par les diverses comparaisons que
» j'ai faites ou rapportées d'après les mêmes auteurs ; et

» qu'enfin on doit moins attribuer le peu de durée de
» nos plantations aux effets de la greffe, qu'à la ma-
» nière de conduire les arbres, qui peut seule prévenir
» leur rapide dépérissement : et ce sont ces diverses
» considérations qui me déterminent à proposer la cul-
» ture du mûrier greffé , comme la plus utile et la
» plus profitable. »

Cette conclusion préparée et motivée sur beaucoup
d'observations et de recherches dans les auteurs les plus
estimés qui ont traité cette matière, et surtout par un
grand nombre d'expériences faites par l'auteur lui-même,
nous paraît parfaitement d'accord avec les principes de la
plus saine agriculture, et tel a été le sentiment de l'Académie de Valence. Cette compagnie ayant jugé que M.
Duvaure avait rempli dans son Mémoire toutes les conditions du Programme, lui a décerné le prix qu'elle avait
proposé. Cet ouvrage a valu à son auteur l'estime de tous
ses concitoyens en général, et la reconnoissance particulière des agriculteurs.

Nous croyons que la Société d'Agriculture doit au
travail de M. *Duvaure* les mêmes sentimens , et que
pour lui donner une preuve plus particulière du cas
qu'elle fait de ses connoissances, et les rendre encore
plus utiles à la chose publique, elle doit engager son
auteur à entreprendre un travail plus étendu dans ses
rapports ainsi que dans ses conséquences , et solliciter
du Gouvernement les secours nécessaires pour le conduire
à sa perfection. Qu'il nous soit permis d'entrer à ce sujet
dans quelques détails.

L'art de l'éducation des vers-à-soie n'a fait que peu
de progrès depuis son introduction en France. Il est encore ignoré dans la plus grande partie des départemens
du royaume ; ses bases ne sont appuyées que sur un petit
nombre d'expériences, dont la plupart ayant été faites
sans principes et avec peu de soin, se contredisent les
unes les autres, et ne sont par conséquent rien moins
que concluantes.

Nous savons seulement que l'espèce du mûrier blanc
sert plus généralement en France à la nourriture des
vers-à-soie ; que parmi les nombreuses variétés de cet
arbre, que M. *Adanson* porte à plus de 20 sortes diffé-

rentes, une d'entre elles a obtenu la préférence, et qu'il
est plus utile de greffer cette variété sur le murier naturel, que d'employer les feuilles de ce dernier à la nourriture de ces insectes précieux ; mais il se présente à résoudre une foule de questions plus importantes les unes
que les autres.

1.º Rien ne constate que parmi le grand nombre de
variétés du murier blanc qui existent, et au rang des-
quelles on peut placer le murier blanc d'Espagne, le
murier rose d'Italie, le murier blanc de Constantinople,
il ne s'en trouve quelques autres douées de qualités supérieures à la variété cultivée dans nos départemens du
Midi.

2.º En supposant même que cette variété du murier
blanc fût reconnue la meilleure, il n'existe aucune expérience qui ait eu pour but de la perfectionner ; elle en
est cependant très-susceptible. L'abondance de fruits dont
elle se charge, en nuisant à la récolte des feuilles, dé-
tourne à leur avantage une partie de la sève de l'arbre,
qui serait employée bien plus utilement au développement
des feuilles. On sait qu'en multipliant les arbres de mar-
cottes et de boutures, pendant une succession de générations, on parvient à les rendre stériles. Ces procédés,
quoique très-simples, n'ont point encore été mis en
pratique, ou suivis avec la constance nécessaire pour en
obtenir des résultats concluans.

3.º On n'a qu'un petit nombre d'expériences sur les
propriétés du murier noir, relativement à la nourriture
des vers-à-soie, et elles sont en opposition entre elles ;
les uns rejettent le murier noir comme peu propre à
fournir de belles soies, d'autres au contraire le préfèrent
au murier blanc, et même à ses meilleures variétés. Cette
différence de sentimens ne viendrait-elle pas de la différence des climats où les expériences ont été faites ? et ne
pourrait-on pas augurer de ce dissentiment que le
murier noir est préférable dans un tel climat, tandis que
le murier blanc est plus profitable dans d'autres pays ?
Ce point important n'est rien moins qu'éclairci.

4.º Les propriétés des autres espèces de muriers qui
croissent en pleine terre dans notre climat, ont encore
été moins observées. Qui sait si le murier de la Chine,

celui du Canada , et celui de Tartarie surtout , qui croissent dans un climat plus froid que le nôtre , ne pourraient pas être employés avec plus d'avantages que les espèces déjà connues?

5.° Est-on sûr que dans la famille naturelle dont le genre du murier fait partie, il ne se trouve pas des végétaux, soit ligneux , soit herbacés, doués de qualités plus éminentes que les muriers , d'une culture plus facile, moins dispendieuse et d'un rapport plus considérable?

6.° Et enfin , savons-nous si dans le nombre de nos végétaux indigènes, pris en général, ou parmi ceux qui sont faits à la température de nôtre climat, il ne s'en rencontre pas qui peuvent suppléer les muriers, les remplacer à différentes températures et dans différens sols? Tout porte à le croire; on sait qu'à la Chine, on nourrit les vers-à-soie, non-seulement avec une espèce de murier fort différente de la nôtre, mais même qu'on emploie à cet usage les feuilles d'une espèce de chêne et d'un frêne particulier; qu'au Japon, on se sert des feuilles d'un arbrisseau de la famille des malvacées.

Voilà donc un vaste champ pour les expériences, et qui promet une ample moisson; mais combien il deviendrait plus fertile et plus riche encore, si l'on voulait faire marcher de front une série d'expériences sur les vers-à-soie eux-mêmes, tant pour perfectionner leur race et leur produit, que pour acquérir de nouvelles espèces! Cette partie n'est pas moins importante que la première, et mérite d'être prise en considération avec un égal intérêt.

Si l'on considère que la nation française paye chaque année à l'étranger une somme de 25 à 30 millions, pour se procurer les soies nécessaires à ses manufactures, qu'une multitude d'artisans de toute espèce, qui sont occupés dans les manufactures de cette branche du commerce, se trouvent, pour ainsi dire, à la merci des étrangers qui fournissent les soies; que les impôts désastreux, tels que la milice et les corvées, n'effrayant plus les campagnes, il est urgent de préparer des moyens de subsistance à une population qui deviendra de plus en plus nombreuse; et qu'enfin la culture du murier et l'éducation des vers-à-soie conviennent à toutes sortes de propriétaires et particulièrement à ceux qui sont peu
fortunés,

fortunés ; on conviendra que cette branche d'industrie est de la plus haute importance, qu'elle doit être protégée, encouragée et mise sous la surveillance nationale. En conséquence nous croyons qu'il est du devoir de la Société d'Agriculture, de mettre ces considérations sous les yeux du Corps Législatif, et de l'engager à conserver ou à créer dans différens départemens du Midi, des établissemens dans lesquels on puisse procéder méthodiquement, et en grand, à découvrir les moyens de perfectionner une branche du commerce aussi utile à tout l'empire.

Fait à la Société d'Agriculture, ce 6 février 1792. *Signés*, THOUIN, VILLENEUVE.

Certifié conforme à l'original et au jugement de la Société.

Paris, ce 5 mars 1792.

Aug. BROUSSONET, *Secrétaire perpétuel.*

~~~~~~~~~~~~~~~~~~

ARRÊTÉ DU DIRECTOIRE

DU DÉPARTEMENT DE LA DROME.

Séance du premier jour complémentaire an 3.

Présens, etc.

UN membre a présenté l'analyse d'un Mémoire rédigé par le citoyen *Duvaure*, cultivateur à Eurre, sur les avantages et les inconvéniens de la greffe du murier blanc, ouvrage couronné le 26 août 1790 par l'Académie de Valence et composé sur le Programme qu'elle avait publié.

Il a été fait également lecture de l'extrait de la séance publique de la Société académique de Valence, du 26 août 1790, qui accorde le prix au citoyen *Duvaure;*

F

et de la décision de la Société d'Agriculture de Paris, qui rend de ce même ouvrage un témoignage élogieux, à la suite duquel elle présente six questions intéressantes et neuves sur la culture du murier et sur les moyens de pourvoir par d'autres végétaux à la nourriture des vers-à-soie.

Le Directoire du département de la Drôme,

Considérant que le Mémoire du citoyen *Duvaure* présente, sur les avantages et les inconvéniens du murier sauvageon et du murier greffé, des observations dont la justesse est attestée par les auteurs les plus estimés, et confirmée par les expériences répétées et suivies du citoyen *Duvaure* lui-même ;

Considérant que l'objet traité dans ce Mémoire est d'une utilité importante pour l'industrie agricole et commerciale de ce département, puisqu'il tend à perfectionner la qualité des soies et à multiplier leur quantité, en indiquant l'espèce de murier la plus propre à produire ce double effet ;

Qu'il est écrit avec une clarté, une précision et une simplicité qui le mettent à la portée des habitans des campagnes les moins instruits, et auxquels il est évidemment avantageux d'en donner connaissance ;

Considérant que la solution des questions présentées par la Société d'Agriculture de Paris, sera très-importante, par la nouvelle facilité qu'elle pourra apporter dans l'éducation des vers-à-soie et la récolte des cocons ;

Que l'encouragement de l'agriculture, les moyens de l'améliorer, en publiant les découvertes déjà faites, et en excitant l'émulation de ceux qui pourraient en faire de nouvelles, sont des objets trop intéressans pour échapper à la sollicitude de l'administration ;

Le procureur-général-syndic entendu ;

ARRÊTE que le Mémoire du citoyen *Duvaure*, le jugement de la Société Académique de Valence, du 26 août 1790, et celui de la Société d'agriculture de Paris, du 6 février 1792, seront imprimés en un seul volume in-8.º, au nombre de douze cents exemplaires, qui seront distribués par l'administration, dans son arrondissement, de la manière qu'elle jugera la plus convenable à la publicité de l'ouvrage; que les citoyens instruits sont invités à présenter leurs observations et leurs expériences sur les questions proposées par la Société d'Agriculture de Paris dans la délibération annexée au présent; que ces Mémoires seront compris au nombre des ouvrages qui feront participer leurs auteurs aux récompenses nationales, après qu'ils auront été approuvés par la Commission d'agriculture; que le présent sera imprimé à la suite de l'ouvrage du citoyen *Duvaure*, et que les frais d'impression seront pris sur les fonds mis à la disposition du département. Et ont les administrateurs signé au registre.

COLLATIONNÉ.

REGNARD, *Secrétaire-général.*

49

www.ingramcontent.com/pod-product-compliance
Lightning Source LLC
Chambersburg PA
CBHW071233200326
41521CB00009B/1455